産業医のための
化学物質管理の実務

独立行政法人 労働者健康安全機構 労働安全衛生総合研究所
化学物質情報管理研究センター　化学物質情報管理部 部長／社会医学系指導医
山本 健也 著

労働調査会

はじめに

　「化学物質管理の国際的な調和」という世界の潮流や、「化学物質による職業性疾病」の近年の国内事案等を背景に、令和4年5月に新たな職場の化学物質に係る労働安全衛生法令が改正され、令和6年4月に全面施行された。この法令改正は、職場の化学物質管理として昭和40年代より施行されてきた法令遵守型の管理から、事業者による「自律的な管理」へとその実施システムを抜本的に見直す、大きなパラダイムシフトといえる。

　新たな化学物質管理では「情報伝達の強化」「リスクアセスメントの実施とその結果に基づく対応」を大きな主軸として、それらを実施するための体制の整備を、事業場規模の大小を問わず事業者に求めている。このうち、本書の想定読者である産業保健職の多くが主に関わるのは後者の「リスクアセスメントの実施とその結果に基づく対応」の部分であり、事業者および化学物質管理者等の職場担当者による化学物質のリスクアセスメントを支援し、その結果に対して適切な助言・指導をすることが期待されている。

　助言・指導の場面として、リスクアセスメントの結果に基づきリスク低減対策を検討する場面が想定されるほか、「健康障害発生リスク」が許容できない場合には、事業者がリスクアセスメント対象物健康診断の要否を判断することとされていることから、産業医はその決定に際しての助言指導や、「要」と判断された場合の健康診断項目の設定に関与することが想定されている。この際、当該化学物質とその健康診断項目を対比した表が存在したこれまでの特別規則（有機溶剤中毒予防規則等）とは異なり、リスクアセスメントの際に使用された危険性・有害性情報等を基に、発生する恐れがある健康障害を特定し、そのスクリーニングに資する健康診断項目を提案することが期待されている。

　従って、これからの職場の化学物質管理では、事業場規模にかかわらず、製造または取扱う化学物質の危険性・有害性を事業者が理解し、それらを取扱う業務のリスクの見積もり、および取扱う労働者へのリスクコミュニケーションを通じた適切な管理により、職業性疾病をはじめとした労働災害の予防を進めることが必要である。この際、特に中小規模事業場・零細事業場に関わる産業保健職が果たす役割は大きい。

　本書は、新たな職場の化学物質管理にかかる法令改正の背景、危険性・有害性情

報の理解およびその情報を基にしたリスクアセスメントの具体的な方法、その結果に基づく対処について記載をした。また、特に産業医が関わる可能性があるリスクアセスメント対象物健康診断について、その基本的な考え方等について解説した。前述したように、今回の法令改正は従来の「法令遵守」からの脱却が一つのコンセプトであり、本書もそれに準じて具体的な対策のすべてを記載はしていない。細かすぎる規制が必ずしも機能しないことは1970年代の英国で既に提唱されており、今回の法令改正においても「情報伝達の強化」「リスクアセスメントの実施とその結果に基づく対応」との枠組みを設定し、その具体的な検討や対策については、従来の法令に比して事業者の裁量権を拡大している。こうした事業者裁量によるリスクベースの管理が本邦にも浸透し、結果として労働災害の減少に寄与することが期待されており、本書がその一翼を担う産業保健職の一助になれば幸いである。

　なお、本書の執筆にあたり技術面でのご支援・ご指導をいただいた伊藤昭好先生、中原浩彦先生に深く御礼申し上げます。

2025年2月

山本　健也

目次　「産業医のための化学物質管理の実務」

第1部　化学物質の自律的な管理　　1

第1章　職場の化学物質管理の新たな展開　　3

1.1　はじめに　　3

1.2　法令改正の背景 …………………………………………………… 4
　（1）化学物質による労働災害統計からみた課題　4
　（2）見出された課題～情報管理機能の強化の必要性　6
　（3）世界の潮流　8
　　コラム　◆REACH 規則　9
　（4）国内での動き　11

1.3　職場の新たな化学物質管理の概要 ……………………………… 12
　（1）法令遵守型から自主対応型へ　13
　（2）改正法令の二本柱　14
　（3）化学物質管理体系の見直し　16
　（4）実施体制の確立　20
　（5）その他　21

1.4　リスクアセスメントの運用に係る留意点 ……………………… 22
　（1）リスクアセスメントのタイミング　22
　（2）リスクアセスメントの種類　23
　（3）濃度基準値について　25
　（4）リスク低減対策の検討―リスク要因の制御とその考え方　26
　　コラム　◆自律と情報　27
　（5）リスクアセスメント対象物健康診断の実施の要否の判断　28

第2章　産業保健職と化学物質管理　　29

2.1　産業保健の守備範囲の変遷 ……………………………………… 29

2.2　リスク要因と予見可能性 ………………………………………… 30

2.3　産業医と化学物質管理の接点 …………………………………… 32
　（1）職場巡視　32
　（2）衛生委員会、職場衛生懇談会等　32
　（3）リスクアセスメント対象物健康診断　32
　（4）事業場におけるがんの発生の把握の強化　33

(5) 緊急時対応等　34

2.4　職場の化学物質における産業医のスタンス　　　　　　　　　　　34

第 2 部　新たな職場の化学物質管理と産業医の実務　　37

第 1 章　ラベル・SDS の役割と職場での利活用　　　39

1.1　化学物質の危険有害性の伝達ツール：ラベルと SDS　　39

(1) ラベル　39
(2) 安全データシート（SDS）　40
コラム　◆ラベルの有無とリスクアセスメント対象物　41

1.2　ラベル・SDS を読むために知っておきたいこと　　41

(1) 絵表示と注意喚起語　41
(2) GHS 分類と危険有害性情報　42
(3) GHS と各国の法令・規格等との整合性　46

1.3　職場における SDS のユースケース　　46

(1) 中毒等の救急対応時の利活用　46
(2) 従業員に対するリスクコミュニケーション　47
(3) リスクアセスメントの情報源　47
(4) リスクアセスメント対象物健康診断の情報源　48

第 2 章　リスクアセスメントの実務を知る　　　49

2.1　リスクアセスメントの実施者とタイミング　　49

(1) リスクアセスメントの実施者　49
(2) リスクアセスメントのタイミング　50

2.2　リスクアセスメントツールの種類　　51

(1) 基準値について　52
(2) 基準値がある場合のリスクアセスメントの実際　53
(3) 基準値がない場合のリスクアセスメントの実際　55

2.3　その他のツールによる方法　　60

2.4　経皮ばく露のリスクアセスメント　　62

2.5　化学物質の危険性のリスクアセスメント　　62

第 3 章　リスクアセスメントの結果の解釈と対応　　　64

3.1　有害性のリスクアセスメントの結果とその解釈の基本　　64

(1) リスクアセスメント結果の取扱い方　64

(2) リスク低減対策　64
　　　(3) リスク低減対策と労働衛生の3管理　65
　　　(4) リスクアセスメントツールを過信しない　66
　3.2　健康有害性のリスクアセスメント結果の解釈 ……………………… 67
　　　(1) 実測によるリスクアセスメント　67
　　　　コラム　◆個人ばく露測定の結果の解釈　69
　　　(2) 推定モデルによるリスクアセスメントの結果の解釈と対応　71
　　　(3) 混合物のリスクアセスメント　77

第4章　化学物質管理における産業医の役割　78

　4.1　職場の化学物質管理における産業医との接点 ……………………… 78
　4.2　職場巡視における化学物質管理の視点 ………………………………… 78
　　　(1) 気づかれていない有害性の把握　78
　　　(2) 気づかれていないばく露の把握　79
　　　(3) リスク低減対策の実施状況の確認　80
　4.3　衛生委員会での対応 …………………………………………………… 80
　　　(1) リスク低減対策の助言指導　80
　　　(2) リスクアセスメント対象物健康診断の実施の要否およびその方法に
　　　　係る助言指導　81
　4.4　リスクコミュニケーションにおける産業医の支援 ………………… 82
　4.5　労働者側のリスク要因の考慮 ………………………………………… 82
　4.6　事業場におけるがんの発生の把握の強化 …………………………… 83
　　　(1) 「同種のがんに罹患したことを把握したとき」の解釈　83
　　　(2) 「罹患が業務に起因するものと疑われると判断」の解釈　83
　4.7　応急措置対応 …………………………………………………………… 84
　　　(1) 経気道ばく露　84
　　　(2) 皮膚や眼への接触によるばく露　84
　　　(3) 経消化管ばく露　85

第5章　リスクアセスメント対象物健康診断　86

　5.1　有害業務の健康診断について ………………………………………… 86
　5.2　特殊健康診断とリスクアセスメント対象物健康診断 ……………… 87
　　　(1) 健康診断の基本構成　87
　　　(2) 特殊健康診断とリスクアセスメント対象物健康診断との違い　88
　5.3　リスクアセスメント対象物健康診断の実務 ………………………… 89

（1）種類　89
　　　（2）健康診断実施の要否の判断　89
5.4　実施頻度 ……………………………………………………………………… 95
5.5　健康診断項目の検討 ………………………………………………………… 96
　　　（1）基本的な考え方　96
　　　（2）健診項目の設定手順　98
　　　　　コラム　◆混合物の健康影響の評価　99
　　　（3）GHS 分類における健康有害性を見る場合の留意点　109
　　　（4）歯科領域の健康診断項目　109
5.6　リスクアセスメント対象物健康診断実施の継続の判断 …………… 110
5.7　事前の準備と実施体制の整備 …………………………………………… 110
　　　（1）事業者の理解の促進　111
　　　（2）労働者の理解の促進　111
　　　（3）健康診断実施機関との調整　111
　　　（4）事業場内での周知　111
5.8　事後措置 …………………………………………………………………… 112
　　　（1）健康診断結果の評価　112
　　　（2）作業者に対する措置　113
　　　（3）事業場に対する措置　113
　　　（4）結果の保存　114

巻末資料　115

【本書で用いる法令名の略称】

安衛法：労働安全衛生法
安衛令：労働安全衛生法施行令
安衛則：労働安全衛生規則
化管法：特定化学物質の環境への排出量の把握等及び管理の改善の促進に関する法律
毒劇法：毒物及び劇物取締法
化審法：化学物質の審査及び製造等の規制に関する法律
有機則：有機溶剤中毒予防規則
鉛則：鉛中毒予防規則
四アルキル鉛則：四アルキル鉛中毒予防規則
特化則：特定化学物質障害予防規則
粉じん則：粉じん障害防止規則
石綿則：石綿障害予防規則

第1部

化学物質の自律的な管理

第1章
職場の化学物質管理の新たな展開

1.1 はじめに

　化学物質・化学品は現代生活の身の回りにある様々な製品や医薬品等を作るためにはなくてはならないものであり、それらを製造・開発するために日々新たな化学品が創出・登録され、世界での化学物質の登録数は2億種以上にのぼる。こうした利便性の一方で、化学物質・化学品にはその物理化学的性質等に基づく危険性・有害性があることが多い。したがって、化学物質・化学品を職域で使用する事業場では、その危険性・有害性を認識し、事故災害および健康影響を防ぐための対策をとる必要がある。

　化学物質の危険性・有害性とその管理に係る歴史は古く、欧州では産業革命以降大規模に発展した工業を起点に、その後多くの職業病予防の対策が図られてきた。我が国においては、第二次世界大戦以前の化学繊維工業における二硫化炭素中毒などへの業界および研究機関による対応、戦後には炭鉱粉じんによる珪肺対策、有機溶剤中毒対策や職業がん予防対策などが取り組まれ、昭和50年代前半までに様々な法令規制が施行されて以降、現在もその取り組みが進められている。

　その一方で、世界的には1970年代以降に発生した複数の化学工場の事故災害による地域住民および環境への被害、温暖化ガスによる地球環境変動への影響などを背景に、国際的に足並みを揃えた化学物質管理推進の機運が高まった。その結果、1990年代以降に国家間で「調和の取れた」化学物質管理を遂行するための各種施策が整備され、情報インフラの構築などをベースにその実践が進められている。我が国でも関係省庁が管轄する化学物質管理に係る関係法令の中でその「調和」への適応が図られており、令和4年5月に「職場の新たな化学物質管理」として公示された労働安全衛生法令の改正（令和6年4月施行）もその一つである。この法令改正は、国内で近年多発した化学物質による重大災害事案をトリガーに、日本の化学物質管理制度を国際的な潮流に移行する大きなパラダイムシフトといえる。このパラダイムシフトの主旨は「法令準拠型の管理からの脱却」であり、コンセプトとして「自

律的な管理」が示されている。

　この「自律的な管理」の背景には「リスクに基づく管理」という考え方があり、法令等で決められたことだけを実践するのではなく、事業場・作業場の「リスクを評価」したうえで対策のプライオリティを検討し、対策に必要な経営資源を効率的に配分することが企図されている。実は近年の産業保健分野の課題でもある「過重労働」「心理的負荷」「高年齢者労働」においても、労働者の健康障害を引き起こす「リスク要因」を見極めての対応を図ることが求められており、職場の化学物質管理における「リスクに基づく管理」は産業保健分野における近年の活動と共通するものであるといえる。

1.2　法令改正の背景

（1）化学物質による労働災害統計からみた課題

① 化学物質による労働災害件数の下げ止まり

　昭和50年代までに、職域での各種化学物質管理に係る法令が整備された我が国では、その後の化学物質を起因とする業務上災害件数は漸減傾向にあった。しかし近年、化学物質による休業4日以上の業務上災害（じん肺を含む）は年500件前後で下げ留まりの傾向にある（**図1.1**）。

　これらの疾患のうち、特別規則対象物質による災害件数は全体の約2割程度であり、8割は特別規則対象以外の物質で発生している。また、その多くは皮膚に対する障害であり、その約9割が特別規則対象以外の物質で占められている。この結果に対して、令和3年までに厚生労働省の検討会として開催されていた「職場における化学物質等の管理のあり方に関する検討会」（以下、「あり方検」という）では、「特別規則対象物質の使用が避けられ、有害性の不明な物質への代替が進み、このことが特別規則対象以外の物質による災害につながっている」という懸念が示された。なお、この業務上災害統計に登録されていない労働災害が潜在的にあることも併せて懸念される状況にある。

② 重大災害の発生

　平成20年代後半に、ジクロロメタンおよび1,2-ジクロロプロパンの使用による胆管がん、オルト-トルイジンの使用による膀胱がん、インジウムスズ化合物の使用による間質性肺炎など、化学物質によるがん等の集積発生事例が職域で発生した。

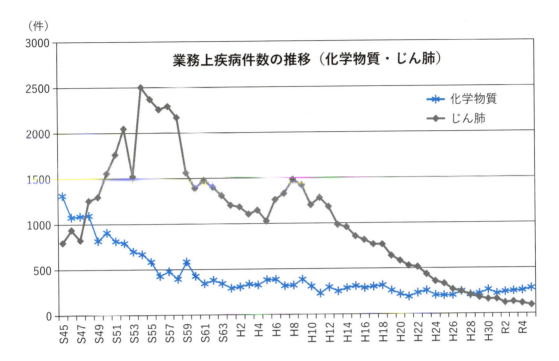

図 1.1　業務上疾病件数の推移（厚生労働省「業務上疾病調べ」より）

特に、既存の法令で規制対象とされていない化学物質によるがんの発生が見られたことや、新たな産業技術の開発に伴い導入される化学物質による健康影響の可能性が示されたことは、従来の法令規制の在り方を見直す大きなきっかけになったということができる。

③　小規模事業場における対策の遅れ

　また、事業場規模（労働者数）ごとに災害発生の割合を示した結果をみると、30人未満の事業場では「爆発・火災・破裂」の事故の割合が高いことと併せて、「有害物との接触」において事故の発生割合が高い傾向にある。衛生管理者や産業医の選任義務がない50人未満の事業場では、特殊健康診断、作業環境測定及びリスクアセスメント実施率は総じてその実施率が低く（**表1.1**）、化学物質による危険性・有害性への対応が必ずしも適切に実施されていない可能性がうかがわれる。

表1.1　中小企業における化学物質管理の状況

企業規模	特殊健康診断（実施率）有機溶剤	特殊健康診断（実施率）特定化学物質	作業環境測定（実施率）有機溶剤	作業環境測定（実施率）特定化学物質	リスクアセスメント（実施率）
5,000人以上	62.5%	84.8%	97.7%	97.3%	59.6%
1,000～4,999人	37.0%	68.4%	95.8%	96.9%	62.5%
300～999人	49.6%	75.7%	95.6%	96.5%	53.6%
100～299人	63.5%	67.8%	90.4%	94.6%	40.8%
50～99人	65.5%	71.5%	84.3%	96.2%	52.4%
30～49人	52.1%	41.3%	74.7%	70.1%	30.1%
10～29人	52.2%	52.2%	63.3%	75.7%	29.4%

企業規模	有害業務に従事している認識がある割合	有害業務に関する教育又は説明を受けた経験がある割合	SDSがどのようなものかを知っている割合	ラベルがどのようなものかを知っている割合
5,000人以上	73.4%	66.2%	76.7%	61.7%
1,000～4,999人	72.1%	59.7%	74.2%	58.3%
300～999人	74.4%	48.4%	65.7%	51.2%
100～299人	71.3%	55.9%	48.9%	41.1%
50～99人	56.4%	50.1%	39.8%	34.1%
30～49人	59.7%	40.5%	32.8%	28.3%
10～29人	52.5%	37.7%	35.6%	26.5%

（出典：平成30年労働安全衛生調査（実態調査）、平成26年労働環境調査）

（2）見出された課題～情報管理機能の強化の必要性

① 情報「伝達」の機能

　化学物質・化学品はその利便性の反面、危険性・有害性のあるものも多く、それらの情報は化学品を製造するメーカーからそのユーザー事業場に伝達され、取り扱う際の爆発火災等の防止、従業員のばく露防止等の対策が図られる必要がある。しかしながら前述の国内での事例等から、特別規則等での個別規制が適用されている物質（約130物質）であってもその管理が必ずしも行き届いたものではなく、また法令での規制がされていない数多くの物質についてはさらに十分とは言い難い状況であることが推察される。

　また、後述する近年の「化学物質管理の世界の潮流」の中で、化学物質の危険性・有害性の伝達手段となるのは「ラベル」や「安全データシート（SDS）」であり、我が国でもSDS等による情報伝達の制度は複数の法令で整備されているが、近年の職域での労災事案に鑑みれば、労働安全衛生管理の観点においてこの「危険性・有害

性の情報伝達」が適切に機能していなかった可能性が、先の「あり方検」では指摘されている。

② 情報「処理」の機能

　SDS 等により化学品のメーカー等から危険性・有害性情報が伝達されたとしても、ユーザー事業場でその情報が適切に処理されていない可能性があることも看過できない。労働安全衛生法令では平成 28 年に計 674 物質についてリスクアセスメントの実施が義務化されたが、その実施方法等にかかる普及啓発やツール開発等のサポートが、小規模事業場を中心に十分ではなかった可能性がある。

③ 職域健康管理分野での課題

　①および②で記載した課題は、職域健康管理の分野でも決して無関係ではない。産業医にとって身近な例でいえば、有機溶剤や特定化学物質の「特殊健康診断」では、その法令中に別表として「化学物質名−健診項目」を対比した一覧表が提示されており、その化学品の有害性、すなわち発生する疾患を必ずしも認識していなくともスクリーニング検査ができる制度設計であった（**図 1.2**）。しかし予防医学の観点でいえば、化学物質名と健診項目の間にある「発生し得る健康問題（標的健康影響）」を考慮せずにスクリーニング検査結果を適切に評価することはできない。特別

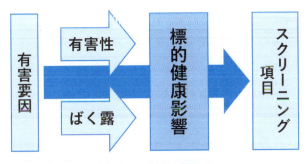

図 1.2　特定化学物質障害予防規則　別表第 3 と制度の概念図

規則対象物質だけではなく、個々の化学品による標的健康影響を把握し、その予防に資する一次予防・二次予防の対策を検討、実装するという考え方が、産業化学物質の種類の増加や、危険性・有害性情報の多様化・情報量の増加等を背景に求められているといえる。

(3) 世界の潮流

① 化学物質管理の国際的な潮流の背景

国際社会では、1980年代頃までに化学工場等における事故災害による環境汚染および住民の健康被害（セベソ、ボパール等）の事例を経験し、またフロンガスの大気放出によるオゾン層への影響などが社会問題・地球全体の問題として捉えられた。こうした背景を基に、以下に記載する経緯によるリスクアセスメントの概念（危険性・有害性の特定、量反応関係からの閾値の推定、労働者のばく露評価、リスクの見積もり）による管理が提唱されるようになった。

② 環境と開発に関する国際連合会議

1992年にリオ・デ・ジャネイロで開催された「環境と開発に関する国際連合会議」は、環境と開発をテーマとする首脳レベルでの国際会議であり、その後の関連国際会議を含めて「地球サミット」と呼ばれている。この会議では、持続可能な開発に向けた地球規模での新たなパートナーシップの構築に向けた「環境と開発に関するリオ・デ・ジャネイロ宣言」（リオ宣言）が採択され、この宣言の諸原則を実施するための行動計画である「アジェンダ21」が合意された。

このアジェンダ21のセクションⅡ-19章において「有害及び危険な製品の違法な国際的移動の防止を含む、有害化学物質の環境上適正な管理」が示され、その中で、①化学リスクの国際的アセスメント拡大と加速、②化学品の分類と表示の調和、③毒性化学品と化学リスクに関する情報の交換、を含む6分野の具体的なプログラムが示された。

その後の一連の会議のうち2002年のヨハネスブルグサミットを経て2006年開催された第1回国際化学物質管理会議において、「国際的な化学物質管理のための戦略的アプローチ」（Strategic Approach to International Chemicals Management, SAICM）が提示された。この中では、化学物質が健康や環境への影響を最小とする方法で生産・使用されるようにすることを目標とし、科学的なリスク評価に基づくリスク削減、予防的アプローチ、有害化学物質に関する情報の収集と提供、各国に

おける化学物質管理体制の整備、途上国に対する技術協力の推進などを進めること、等を定めている。

　これらの国際合意に伴い、欧州でのREACH規則をはじめ諸外国では化学物質管理の国際的枠組みに合わせた制度変更が進められた。

> ◆ REACH 規則
>
> 　REACH は"Registration, Evaluation, Authorisation and Restriction of Chemicals"の頭文字による略称。人の健康と環境の保護、欧州化学産業の競争力の維持向上などを目的とした、欧州における化学物質の総合的な登録（届出：Registration）・評価（Evaluation）・認可（Authorisation）・制限（Restriction）に係る制度であり、事業者に「登録の義務」「認可申請の義務」「使用制限の義務」「情報伝達の義務」を課している。なお、これらは「当然に予見可能な条件において人の健康及び環境に対し悪影響を及ぼさないことを確実にするように求められる責任と注意を持って、物質を製造、輸入若しくは使用又は上市」することの原則に基づき、「物質そのものや、調剤及び成形品に含まれる物質の製造者、輸入者及び川下使用者に関する特定の義務や責務」として規定している。

③　法令遵守型管理の限界

　法令遵守型管理とは、事業者に法的な義務として、一定の労働災害防止措置を講ずることについて罰則をもって強制するものである。このシステムの限界に係る要件は、1972年にLord Robens（ローベンス卿）により当時の英国雇用省に提出された報告書「Safety and Health at Work」（労働における安全と健康）に示されている。その名を冠して「ローベンスレポート」と呼ばれるこのレポートでは、18世紀以降の欧州で産業革命以降に顕在化した労働災害を防ぐために、数多くの措置義務等が事業者に漸増的に課されてきた現状に対して、「細分化されすぎた行政組織および法令等に依拠し過ぎて、事業者の責任や自主性、自発的な取組みが軽視され、またそれらが要因となって人的、組織的な要因等が十分には考慮されず、技術革新への速やかな対応ができるシステムになっていない」ことが示された。これはすなわち、細かな規制を事後対応的に積み上げていくことは、結果としてその目的達成を阻害するということでもあった。

　英国がこのレポートをきっかけに、同時期に統合された行政組織であるHSC（Health and Safety Commission：保健安全委員会）をその担い手として、①自主的対応型であること、②法律では原則的な規定を置き、それを補完するものとして規

則や実施準則等を設けること、等を基本とした労働安全衛生対策（Health and Safety at Work etc. Act：職場における保健安全法）に大きく舵を切ったのが1974年である。なお、訴訟等が起きた時には、事業者は十分な防止対策を講じていたことを証明できなければ罰則が適用される、という性質のものであった。この「職場における保健安全法」の考え方が現在の国際的な化学物質管理の主流となっている。

④　危険性・有害性情報の国際調和（GHS）

　GHS（「化学品の分類および表示に関する世界調和システム」（The Globally Harmonized System of Classification and Labelling of Chemicals：GHS）は、化学物質管理に係る世界的な枠組みが形成される過程において、国家間で異なっていたそれまでの化学物質の危険性・有害性等に係る分類基準および表示内容を統一し、国家間の情報伝達を一元化することを目的に、2003年7月に国連から公表されたシステムである。

　化学物質・化学品の危険性・有害性を一定のルールに基づき分類をする方法が、国連GHS専門家委員会から「GHS文書（通称パープルブック）」として発行されており、2年に1度改訂されている。このGHS分類を基に、日本ではJIS Z 7252「GHSに基づく化学品の分類方法」として日本産業規格が作成されており、またこれに基づきGHS分類を行うためのガイダンスが「政府向けGHS分類ガイダンス」「事業者向けGHS分類ガイダンス」として作成されている（**図1.3**）。前者は化学物質単体の

分類最新年度	分類ガイダンス等	国連GHS	JIS Z 7252	分類物質数
2006	マニュアル（H18.2.10版）	初版	—	497
2007	マニュアル（H18.2.10版）/技術上の指針（H17.12.6版）			136
2008	H20.9.5版	2版		296
2009	H21.3版		2009	256
2010		3版		193
2011	H22.7版			161
2012				131
2013	Ver.1.0			125
2014				129
2015		4版	2014	151
2016				144
2017	Ver.1.1			129
2018				158
2019		4版（一部6版）	2014（一部2019）	142
2020	Ver.2.0			240
2021		6版		157
2022	Ver.2.1		2019	150
2023				157
計				3352

図1.3　GHS政府分類の経緯

分類を、後者は混合物を含む化学品の分類のためのガイダンスである。

(4) 国内での動き

　我が国における化学物質管理の法令には**図 1.4** のようなものがあり、第二次世界大戦以前およびその後の 1950 年代以降の高度経済成長期に発生した公害問題や職業性疾病に対応して、関係省庁の所轄による制度が整備されてきた。

　これらの法令も近年、1.2 の (3) で述べた化学物質管理の世界的な潮流に合わせる形で、化管法（特定化学物質の環境への排出量の把握等及び管理の改善の促進に関する法律）・毒劇法（毒物及び劇物取締法）・安衛法のいわゆる SDS 三法、および化審法（化学物質の審査及び製造等の規制に関する法律）などで国際調和への適応が図られている。

　厚生労働省が管轄をする労働安全衛生法令関係では、平成 18 年度に「化学物質のリスク評価事業」が開始され、国内で使用されている産業化学物質のうち使用量等に基づき優先順位が高いと考えられる物質について、有害性の調査およびばく露実態の調査を国として実施し、リスクが許容できないと判断された物質を適宜特別規則（特定化学物質障害予防規則）に追加をする、という施策が図られ、令和 3 年度までに約 220 物質の検討を経て 28 物質が法令に追加された（**図 1.5**）。

　しかしその経過の中、平成 20 年代後半に発生した複数の職域での発がん集積発生事案を受け、1.2 (3) の③で解説をした事後的な規制対策追加の限界にかかる認識

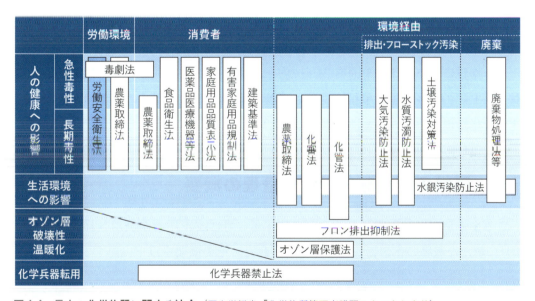

図 1.4　日本の化学物質に関する法令（厚生労働省「化学物質管理者講習テキスト」より）

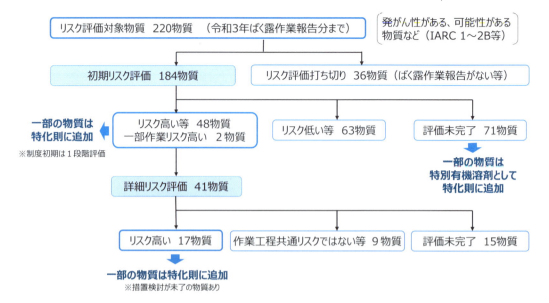

※リスク評価を導入した平成18年度以降、これまで28物質をリスク評価結果に基づき特化則に追加
※上記は経気道ばく露に係るリスク評価結果であり、経皮吸収勧告のある90物質に係る経皮ばく露のリスク評価は未了

図 1.5 厚生労働省によるリスク評価の実施状況の概要（令和3年9月現在）（厚生労働省資料より）

もあり、先に紹介した「あり方検」でこれまでの方針の転換が必要と判断されることとなった。

　なお、我が国では上記のSDS三法において事業者に「SDSの提供」と「ラベルの表示」を義務または努力義務としており、安衛法では第57条において、労働者に向けた危険性・有害性の「ラベルの表示」および同第57条の2において製造事業者がユーザー事業者に対して詳細な危険性・有害性情報を「SDS等で通知」する義務に係る仕組みがある。令和5年度までに674物質に対してその義務が課されていた（その他の物質については安衛則第24条の14および15で努力義務）が、国際的な潮流および上記のような国内事情を受け、義務対象とする化学物質の拡大および情報伝達・情報処理の強化の必要性が高まったといえる。

1.3　職場の新たな化学物質管理の概要

　ここまで解説をした背景を基に、令和4年5月に改正法令が公示され、令和6年4月に新たな職場の化学物質管理が施行された。その概要を以下に記す。

（1）法令遵守型から自主対応型へ

　令和6年4月の法令改正では、これまでの個別の物質に対する措置義務に基づいた「法令遵守型」管理に対して、事業者がリスクアセスメントを実施し、その結果に基づいて事業者自らが対策を講ずる「自主対応型」管理を採用している（図1.6）。これは、「危険性・有害性の情報伝達をすべき化学物質の数の拡大」に対して、これ

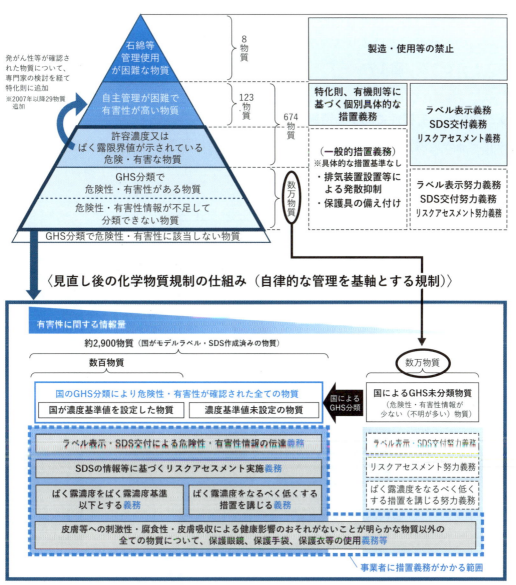

図1.6　化学物質の自律的な管理の体系（厚生労働省資料より）

までのように特別規則（特化則、有機則等）と同様な措置義務をかけることは現実的ではなく、また国際的な潮流を背景に化学物質管理は事業者の裁量に委ねるのが合理的であると判断されたことや、前述 1.2（3）の③で記載した法令遵守型の限界などがその背景にある。また、「リスクアセスメント」の結果の解釈に際しては「リスクを許容するか否か」を事業者が意思決定する必要があることも、その理由の一つである。このような仕組みを「自律的な管理」と称している。

(2) 改正法令の二本柱

新たな職場の化学物質管理の制度は、大きく分けて「危険性・有害性に関する情報伝達の強化」および「リスクアセスメントの実施とその結果への対応」とに分けることができる（図 1.7）。

① 危険性・有害性に関する情報伝達の強化

化学品の危険性・有害性はその情報を持っている製造者又は供給者が発信しない限り、化学品を受け取る者は知る術がないことや、我が国での化学物質による近年

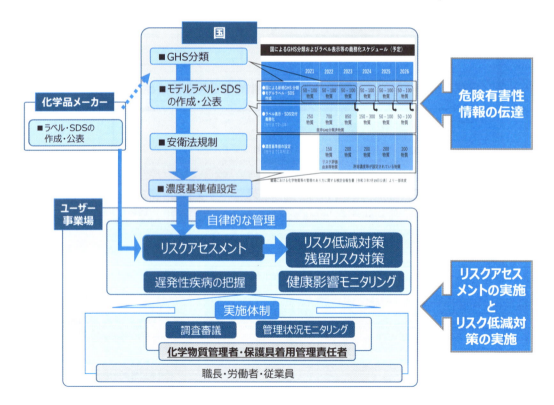

図 1.7　職場の化学物質の自律的な管理　概念図

の労働災害発生の背景分析から、事業者及び労働者への危険性・有害性情報の伝達が十分ではなかった可能性があることに基づき、法令改正では ⅰ）対象となる化学物質の拡大、ⅱ）既存の危険性・有害性情報の伝達手段の見直し、が行われた。前者については新たに「リスクアセスメント対象物」との名称が付与され、国がこれまでに実施した GHS 分類（GHS 政府分類）事業で危険性・有害性が認められた物質がその対象とされた。後者については、情報の通知方法の柔軟化（紙媒体、電子媒体での伝達および Web を介した二次元バーコードの活用等）、「人体に及ぼす作用」の定期的な確認、SDS 等における成分の含有率表示の適正化（重量パーセントでの表示）、事業場内で別容器に保管する際の表示等が規定された（**図 1.8**）。すなわち「最新の」危険性・有害性情報が「迅速に」労働者および事業者に伝達されることを目的とした改正ということができる。これらのことは、リスクアセスメントの精度向上だけではなく、労働者および事業者の「知る権利」をより担保する効果も期待されている。

- ・ラベル表示・通知をしなければならない化学物質の追加
- ・SDS 等による通知方法の柔軟化
- ・SDS 等の「人体に及ぼす作用」の定期確認及び更新
- ・SDS 等による通知事項の追加及び含有量表示の適正化
- ・事業場内別容器保管時の措置の強化
- ・注文者が必要な措置を講じなければならない設備の範囲の拡大

図 1.8　危険有害性情報の伝達強化

② リスクアセスメントの実施とその結果への対応

化学品メーカーからの危険性・有害性が伝達されたユーザー事業場では、その情報を基にリスクアセスメントをすることが義務付けられた。これは、提供された情報がそのまま放置されることを防ぐとともに、アセスメントの過程を通しての有害性の認識、およびその化学品へのばく露状況を確認する機会を提供しているとも言える。リスクアセスメントの方法は①発生可能性×重篤度を考慮する方法、②ばく露の程度×有害性の程度を考慮する方法、③上記に準ずる方法、のいずれかの条件を満たせば、その手法は事業者が選択できることとされている。

なお、安衛則第 577 条の 2 では「リスクアセスメントの結果等に基づき（中略）リスクアセスメント対象物に労働者がばく露される程度を最小限度にしなければならない（リスクアセスメント対象物以外の場合も努力義務）」とされており、「リスクが許容できない」と判断をされた場合には、リスク低減措置の実施が求められる。

(3) 化学物質管理体系の見直し

① ラベル表示・通知をしなければならない化学物質＝「リスクアセスメント対象物」とその対象範囲の拡大

1.3 (2) の①で紹介した「リスクアセスメント対象物」は、安衛法第57条に基づき表示・通知が必要な化学物質として、安衛則別表第2（令和7年3月までは安衛令別表第9）にリストされる化学物質であり、それらを一定の割合以上含有する化学品についてはリスクアセスメントの実施が義務化される。なお「一定以上の割合」については「裾切値」として危険性・有害性を考慮した値が公表されている。

リスクアセスメント対象物は、これまでに日本政府がGHSに従って分類し、その結果に基づいてモデルラベル、モデルSDSを公表している化学物質（令和4年の改正法令公示日時点では約2,900物質）のうち、以下の要件の物を除いた約2,300物質が想定されている。

- GHS政府分類の結果、「危険性又は有害性があるもの」と区分されていないもの
- 安衛令別表第3第1号1から7までに掲げる物（特化物第一類物質）
- 危険性があるものと区分されていない物であって、粉じんの吸入によりじん肺その他の呼吸器の健康障害を生ずる有害性のみがあるものと区分されたもの（粉じん則該当）

なおこれらについては、**図1.9**にあるように今後徐々に追加される予定である。

② 経気道ばく露対策：管理の目標の設定

改正法令では、化学物質の人への主なばく露経路である「経気道ばく露」を防ぐための管理の目標として、「労働者がリスクアセスメント対象物にばく露される程度を最小限度にする」こととされている。

具体的には、ⅰ）有害性の低い化学品・化学物質への代替、ⅱ）衛生工学機器（発散源密閉設備、局所排気装置または全体換気装置等）の設置と稼働、ⅲ）作業方法の改善による作業管理の改善、ⅳ）有効な呼吸用保護具を使用する等の方法により、労働者の「吸入濃度」を健康障害を起こさないレベルまで最小限にすることが求められる。また、後述する「濃度基準値」が設定された化学物質については、濃度基準値よりも低い吸入濃度によるばく露であれば「リスクを許容できる範囲」と解釈することができる。

これらⅰ）～ⅳ）の対策手法は、従来の労働衛生の3管理における「作業環境管理」

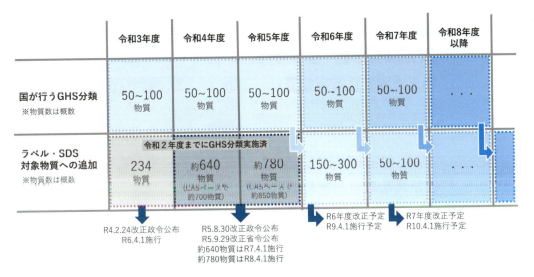

図 1.9　ラベル・SDS 対象物質、リスクアセスメント対象物の追加スケジュール（厚生労働省資料「労働安全衛生法のラベル・SDS・リスクアセスメント制度の概要」より）

「作業管理」の手法と同様であるが、リスクアセスメント対象物においてはこれらを一律に実施するのではなく、どの手段を用いるかは事業者の裁量で決定することができる。なお、従来の特別規則等により規定されている「ばく露の程度の評価（作業環境測定、個人ばく露測定）」の評価指標は、呼吸用保護具等を使用しない場合等も想定した「呼吸域濃度」であったが、今回の改正法令において管理の目標に際して用いられている指標は、呼吸用保護具の使用の有無にかかわらず、労働者の気道内に侵入した気体の濃度、すなわち「吸入濃度」を想定している。このことは、吸入ばく露防止に係る呼吸用保護具の重要性を改めて示したものであり、後述する「保護具着用管理責任者」の選任を一部の事業場で義務付けた背景の一つともいえる。

③　経皮ばく露対策：皮膚等障害化学物質への直接接触の防止

　皮膚・眼刺激性、皮膚腐食性または皮膚から吸収され健康障害を起こすおそれのあることが「明らか」な物質が「皮膚等障害化学物質」と新たに定義され、それらを製造し、または取り扱う業務に従事する労働者に対しては、事業者は労働者に不浸透性保護具等の障害等防止用保護具を使用させることが義務化された。皮膚等障害化学物質には「皮膚刺激性有害物質」と「皮膚吸収性有害物質」があり（図1.10）、令和6年度時点ではそれぞれ1,149物質および296物質のリストが厚生労働省から公表されている。

図 1.10　皮膚等障害化学物質

④　衛生委員会での付議事項・調査審議事項の追加

　事業者は、事業場内での化学物質管理状況をモニタリングするために、「常時使用している従業員数が 50 人以上の事業場」では衛生委員会での化学物質管理の実施状況の共有及び調査審議を、「同 50 人未満の事業場」では労働者からの意見聴取を行うこととされた。リスクアセスメントの結果は化学物質管理者等により衛生委員会等に付議され、アセスメント結果に基づく対策の検討に際して、事業者が労働者の意見を聴く機会として機能することも想定されている。

⑤　リスクアセスメント対象物健康診断

　リスクアセスメント対象物による健康影響の確認のため労働者に対して行う健康診断が「リスクアセスメント対象物健康診断」と定義され、以下の 2 つの条件で実施することが事業者には求められている。

ⅰ）リスクアセスメントの結果に基づき、労働者の意見を聴き、必要があると認めるときは、医師等（医師または歯科医師）が必要と認める項目の健康診断を行う（第 3 項健診）。

ⅱ）濃度基準値設定物質について、労働者が濃度基準値を超えてばく露したおそれがあるときは、速やかに、医師等による健康診断を実施する（第 4 項健診）。

　なお、リスクアセスメント対象物健康診断の結果に基づき、必要な場合は事後措置を講じる必要があり、事業者が産業医等に健康診断結果に基づく「医師の意見」

を聴取することは、従来の健康診断と同様である。

⑥ 記録と保存
(a) リスクアセスメントの記録
　リスクアセスメントを実施した場合には、リスクアセスメントの方法、その結果及びリスクアセスメントに基づく措置の実施状況といった内容を記録する。具体的にはⅰ）対象物の名称、ⅱ）業務の内容、ⅲ）結果、ⅳ）必要な措置の内容について記録し、労働者への周知と併せて3年間の保存をすることとされている。
　なお、「ばく露の程度」の低減等に関する記録として、「ばく露低減措置」「ばく露を濃度基準値以下とする措置」「健康診断結果による措置および労働者の意見の聴取」についてはその記録と労働者への周知を、「ばく露の状況」および「リスクアセスメント対象物ががん原性がある物として厚生労働大臣が定めるもの（以下「がん原性物質」という。）に係る労働者氏名・作業の概要・従事期間及び汚染事態の際の応急措置」については1年を超えない期間ごとに記録を作成し、3年間（がん原性物質にあっては30年間）保存をする必要がある。

(b) 衛生委員会の審議記録
　化学物質管理に限らず、衛生委員会の議事録やその資料は従業員に周知をすることが求められている。これらは必要に応じて、労働基準監督官によって確認される可能性があり、特に今回の改正では、労働災害の発生又はそのおそれのある事業場について、当該事業場で化学物質管理が適切に行われていない疑いがあると労働基準監督署長が判断した場合は事業者に対し改善を指示することができるため、リスクアセスメントを実施した際には、その都度、衛生委員会等の調査審議の議題として取扱い、それらを記録しておくことが必要である。

(c) リスクアセスメント対象物健康診断の実施記録
　リスクアセスメント対象物健康診断を実施した際には、従来の健康診断と同様に個人票を作成して5年間（がん原性物質に際しては30年間）保存をする必要がある。また、労働者に対して個人結果表等によりその結果を通知する必要がある。
　なお、法令では義務付けられてはいないが、リスクアセスメント対象物健康診断の実施の要否を判断した際には、その実施の要否にかかわらず、判断の理由を記録しておくことが望ましい。

（4）実施体制の確立

① 化学物質管理者の選任義務

職場の化学物質管理の適切な運用を図るうえでのキーパーソンとして「化学物質管理者」の選任が、事業場規模にかかわらず義務付けられた（図 1.11）。

化学物質管理者には大きく分けて二つの職務が想定されている。

ⅰ）自社製品の譲渡・提供先への危険性・有害性の情報伝達に関する職務（情報発信側の事業場としての役割）

ⅱ）自社の労働者の安全衛生確保に関する職務（情報受信側の事業場としての役割）

ⅰ）については、情報伝達をするサプライチェーン川上側の事業場における職務であり、ラベル表示およびSDS交付に関する実務的な役割をすることが求められて

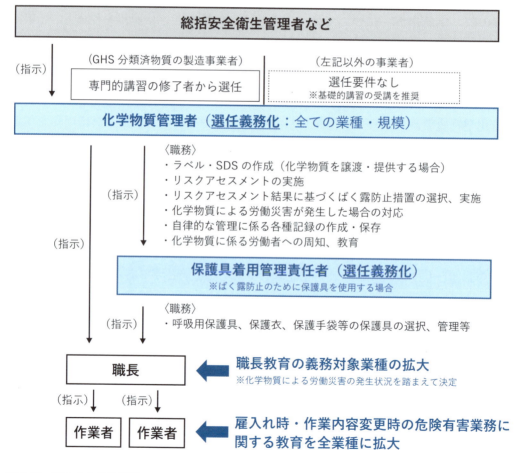

図 1.11　新たな化学物質管理における事業場内の体制（厚生労働省「化学物質管理者講習テキスト」より）

いる。

　一方ⅱ）については、サプライチェーンの川上・川下にかかわらず、事業場で化学品を使用する作業におけるリスクアセスメントの実施を管理し、その結果への対応および事業者・労働者へのリスクコミュニケーションなどを介して、化学物質による事故災害・健康障害の発生予防をその職務とするものである。

②　保護具着用管理責任者の選任義務

　ばく露防止のために保護具（呼吸用保護具、保護衣、保護手袋等）の使用が必要な事業場では、保護具着用管理責任者の選任が義務付けられた。その職務は、保護具の選択、使用及び管理である。「保護具によるばく露低減対策」は、その使用における効果がヒューマンファクターに依存すること等から、衛生工学的手法によるばく露防止対策よりも優先度は低い方法ではあるが、今般の法令改正ではリスクを最小限度にする際の保護具着用の重要性が見直され、その適切な使用および管理を担保するために導入された資格といえる。

③　安全衛生教育の拡充

（a）雇入れ時等教育の拡充

　雇入れ時等の教育のうち、特定の業種で一部教育項目の省略を認めていた規定を廃止し、危険性・有害性のある化学物質を製造または取り扱う全ての事業場で、化学物質の安全衛生に関する必要な教育を行わなければならないこととされた。

（b）職長等に対する安全衛生教育が必要となる業種の拡大

　新たに職務につくこととなった職長その他の作業中の労働者を直接指導または監督する者に対して安全衛生教育を行わなければならない対象業種に、新たに「食料品製造業」「新聞業」「出版業」「製本業」「印刷物加工業」が追加された。

（5）その他

①　がん等の遅発性疾病の把握強化

　化学物質を製造し、または取り扱う同一事業場で、1年以内に複数の労働者が同種のがんに罹患したことを把握した時は、その罹患が業務に起因する可能性について医師の意見を聴き、また、医師がその罹患が業務に起因するものと疑われると判断した場合は、遅滞なく、その労働者の従事業務の内容等を所轄都道府県労働局長

に報告する必要があるとされている。

② 特別規則等の適用除外・緩和措置
(a) 管理水準良好事業場の特別規則等適用除外

　有機則や特化則など従来からある特別規則は、職場の新しい化学物質管理の導入後も引き続き従来と同様の対応が必要であるが、化学物質管理の水準が一定以上であると所轄都道府県労働局長が認定した事業場は、その認定に関する特別規則（特定化学物質障害予防規則等）について個別規制の適用を除外し、特別規則の適用物質の管理を、事業者による自律的な管理（リスクアセスメントに基づく管理）に委ねることが可能である。なお、健康診断、保護具、清掃などに関する規定は、認定を受けた場合でも適用除外とはならずに従来通りの実施が必要である。

(b) 特殊健康診断の実施頻度の緩和

　有機溶剤、特定化学物質（特別管理物質等を除く）、鉛、四アルキル鉛に関する特殊健康診断の実施頻度について、作業環境管理やばく露防止対策等が適切に実施されている場合には、事業者は、その実施頻度（通常は6月以内ごとに1回）を1年以内ごとに1回に緩和することが可能となった。

(c) 第三管理区分事業場の措置強化

　作業環境測定の評価結果が第三管理区分に区分された場合、改善の可否を作業環境管理専門家に意見聴取し、また改善が困難と判断されたり、措置実施後も改善ができない場合には、呼吸用保護具によるばく露防止対策の徹底が義務づけられた。

1.4　リスクアセスメントの運用に係る留意点

(1) リスクアセスメントのタイミング

リスクアセスメント実施の時期は「化学物質等による危険性又は有害性等の調査等に関する指針」に以下のように規定されている。

① 法令上の実施義務
・リスクアセスメント対象物を原材料等として新規に採用し、又は変更するとき

- リスクアセスメント対象物を製造し、又は取り扱う業務に係る作業の方法又は手順を新規に採用し、又は変更するとき
- リスクアセスメント対象物による危険性又は有害性等についての情報に変化が生じ、又は生ずるおそれがあるとき

② 化学物質リスクアセスメント指針による実施努力義務

- リスクアセスメント対象物に係る労働災害が発生した場合であって、過去のリスクアセスメント等の内容に問題がある場合
- 前回のリスクアセスメント等から一定の期間が経過し、リスクアセスメント対象物に係る機械設備等の経年による劣化、労働者の入れ替わり等に伴う労働者の安全衛生に係る知識経験の変化、新たな安全衛生に係る知見の集積等があった場合
- すでに製造し、又は取り扱っていた物質がリスクアセスメント対象物として新たに追加された場合など、当該リスクアセスメント対象物を製造し、又は取り扱う業務について過去にリスクアセスメント等を実施したことがない場合

なお、「以前から取扱いのある物質」を「以前と同じ方法で取り扱う」場合においては、リスクアセスメント実施義務の対象にはならない。しかし、過去にリスクアセスメントを行ったことがない場合で上記の条件に該当しない場合であっても、事業場における化学物質のリスクを把握するためには計画的にリスクアセスメントを実施することが望まれる。

(2) リスクアセスメントの種類

リスクアセスメントの実施方法については、一定の条件下において、その種類の選択は事業者が決めることができる。すなわち①発生可能性×重篤度を考慮する方法、②ばく露の程度×有害性の程度を考慮する方法、③上記に準ずる方法であれば、どのツールを使用しても良いとされている。職場でのリスクアセスメントに用いられる主な方法を次に例示する。

ア 「発生可能性×重篤度」を考慮する方法
- 数値化する方法
- 枝分かれ図を用いる方法

[参照]「危険性又は有害性等の調査等に関する指針　同解説」(厚生労働省)

イ　個人ばく露測定の測定値と濃度基準値を比較する方法
・作業者にサンプラーを装着して捕集・測定をする方法
・検知管を用いる方法
［参照］「検知管を用いた化学物質のリスクアセスメントガイドブック」（厚生労働省）
・リアルタイムモニターを用いる方法
［参照］「リアルタイムモニターを用いた化学物質のリスクアセスメントガイドブック」（厚生労働省）
・作業環境測定（C・D測定）の測定値と濃度基準値を比較する方法
・作業環境測定（A・B測定）の第一評価値と第二評価値を濃度基準値と比較する方法
［参照］「作業環境評価基準」（厚生労働省）

ウ　CREATE-SIMPLE（クリエイト・シンプル）等の数理モデルによる推定ばく露濃度と濃度基準値を比較する等の方法
・CREATE-SIMPLEを使用する方法
［参照］「クリエイト・シンプルを用いた化学物質のリスクアセスメントマニュアル」（厚生労働省）

エ　「ばく露の程度×有害性」の程度を考慮する方法
・マトリクス法
［参照］「危険性又は有害性等の調査等に関する指針　同解説」（厚生労働省）

　なお、化学物質管理において推奨されるリスクアセスメントは、濃度基準値や職業性ばく露限界値が設定されていれば、上記イによる「実測によるリスクアセスメント」をすることが望ましいが、必ずしも実測によらない方法（マトリクス法、CREATE-SIMPLEなどによる推定、記述的な評価等）でもよいとされている。実測の方法としては、個人ばく露測定のほか検知管やリアルタイムモニター等を用いた簡易測定等も利用できる場合がある。実測の結果が、厚生労働省が定める濃度基準値や各種学会等が勧告している職業性ばく露限界値を超えていなければ「リスクは許容範囲内」であるとみなし、これを超えていれば「リスクは許容範囲を超えている」と考え、リスク低減対策を講じることになる。

(3) 濃度基準値について

　濃度基準値は、当該化学物質による「過剰な健康影響」のうち最も低い濃度で発生する健康影響（臨界影響）にかかる科学的知見等の検討を経て定められる値であり、令和5年度に67物質、令和6年度には112物質の濃度基準値が設定され、今後も追加が検討されている。なお、濃度基準値に係る検討の結果、その科学的知見に乏しい場合や、発がん性等のうち閾値を設定できない物質などの場合については、別途「設定できない」と判断されている。

　なお、この濃度基準値の運用に関する基本的な考え方が「化学物質による健康障害防止のための濃度の基準の適用等に関する技術上の指針」として示されている。その一連の流れは図1.12の通りである。

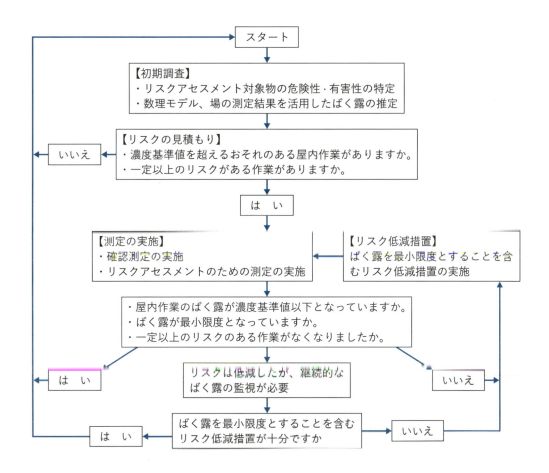

図1.12　濃度基準値等を含めたリスクアセスメント実施の流れ（厚生労働省「化学物質管理者講習テキスト」より）

（4）リスク低減対策の検討—リスク要因の制御とその考え方

　従来の特別規則では、該当する化学物質取扱い作業に対して作業主任者の選任、局所排気装置の設置、作業環境測定の実施、保護具の備え付け・使用、特殊健康診断の実施などが義務付けられている。これらは当該作業および化学物質の有害性に対する一律の規定であり、原則的には「リスクに応じた対応」は考慮されていない。

　その一方で新たな職場の化学物質管理では、リスクアセスメントの実施に際しては一定の要件を備えた方法であれば事業者にその実施方法を選択する裁量があり、またリスクアセスメントの結果に基づくリスク低減対策についても一律に実施することは必ずしも求めてはおらず、「労働者の意見を聴いた」うえで、事業者にその方法を選択する裁量がある。

　なお対策の実施に際しては、基本的にはばく露を減らす手段として従来から推奨されている優先順位、すなわち①有害性の低い物質への変更、②密閉化・換気装置設置等、③作業手順の改善等、④有効な個人用保護具の使用、の順で検討することが基本であるが、このリスク低減対策の検討に際して「リスクアセスメントのプロセスが可視化できている」ことは、リスクの低減を図るうえで極めて重要な意味を持つ。すなわち「有害性」もしくは「ばく露の程度」の各要因について「何をどの程度制御すると、リスクを許容範囲まで低減できるか」がシミュレーション可能ということであり、シミュレーションを化学物質管理者等の専門職だけではなく、当該作業場のことをよく知る従業員と一緒に行うことで、職場のコンセンサスを得ながらリスク低減対策の意思決定ができるということでもある。

　なお、リスクアセスメントのプロセスで用いられている要因だけではリスク制御ができない場合もあるので、その際は、例えば「適切な呼吸用保護具を着用する」など他のリスク低減対策の適用も考慮して、労働者のばく露を最小限度にする対策を検討することが必要である。

◆**自律と情報**

「リスクに基づく管理」では、リスクアセスメントの結果「リスクが許容範囲内である」場合にはリスク低減対策を必要とせず、「リスクが許容できない」場合には何らかのリスク低減対策を実施することが求められる。この「リスクを許容するか否か」については明確な基準やカットオフラインはなく、意思決定者が「どのリスクレベルでリスクのトレードオフをするか」を判断する。そのためにはできる限り多くの適切な情報が必要である。COVID-19によるパンデミックを例にとれば、パンデミック初期には当該ウイルスの有害性およびその影響に係る情報に乏しく、世界は国家主導でトップダウンでのリスク管理を実施した。その後、ウイルス学的・疫学的知見等の情報の蓄積等を背景に、感染症対策は国家から事業者および国民の自律的な判断へと移行され、例えばマスクの着用は個人の意思決定に委ねることが容認された。この事象からわかることは、リスクはゼロにできないことからどこかでトレードオフをする必要があり、その判断は一定量の情報量に基づき当事者自ら「リスクの許容」を判断する必要がある、ということである。

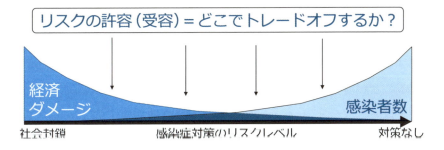

図1.13　どのレベルなら「許容（受容）」できるか？（感染症の例）

令和6年4月施行の化学物質管理において、この「自律的」な管理が導入された背景には、2003年以降のGHS分類による化学物質の危険性・有害性にかかる情報の蓄積が国内外で進んできたことが、その理由の一つといえる。

(5) リスクアセスメント対象物健康診断の実施の要否の判断

1.3（3）の⑤で記したリスクアセスメント対象物健康診断の「実施の要否」の判断に際しては、前述までのリスクアセスメントの結果のみで判断をせずに、その作業者における健康障害の発生リスクを考慮する必要がある。

① 呼吸域濃度と吸入濃度

実測によるリスクアセスメントや、「有害性」と「ばく露の程度」により評価される推定モデル等でのリスクアセスメントの結果は、原則的には「呼吸域濃度」にかかる評価である。一方、リスクアセスメント対象物健康診断の実施の要否は「吸入濃度」で判断することとされている（図1.14）。

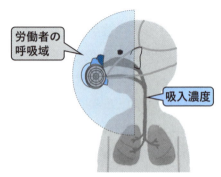

図1.14　呼吸域濃度と吸入濃度

例えば、労働者の呼吸域濃度が「リスクが許容できない」場合、呼吸域濃度のリスク低減対策の検討は必要であるが、呼吸用保護具等の適切なばく露防止対策により「吸入濃度」が「リスクの許容範囲内」であれば、リスクアセスメント対象物健康診断は必ずしもその実施は求められない。なおその際、呼吸用保護具が適切に使用されていることが前提である。

また、例えばリスクアセスメントの時点で「呼吸域濃度」にかかるリスクが「許容範囲」であったとしても、その後に局所排気装置等が適切に稼働しないなどの状況が発生した場合で、許容できない「吸入濃度」によるばく露が認められた場合には、リスクアセスメント対象物健康診断を実施することが求められる。

このように「リスクアセスメント対象物健康診断の実施の要否」は、衛生工学機器や保護具などのばく露防止対策の実施状況なども加味して判断をする必要がある。

② 作業者個人の要因の考慮

リスクアセスメントは、ある一時点での職場環境の評価であるが、「リスクアセスメント対象物健康診断の実施の要否」の判断に際しては、それまでの作業者の業務歴、作業者個人の健康状況等を考慮して検討する必要がある。特に発がんなどの遅発性疾病に関しては、過去の作業でのばく露状況等も考慮のうえ、リスクアセスメント対象物健康診断の実施やその後の継続について検討が必要である。

第2章

産業保健職と化学物質管理

　本章では、新たな職場の化学物質管理に対する、産業医・産業保健職のかかわり方について述べる。第1章で述べたように、令和6年4月に全面施行された新たな職場の化学物質管理においては、従来の安衛法での化学物質管理との相違や多数の新出用語などもあり、一見真新しい対策手法のように見えるかもしれない。しかし実は、近年の化学物質管理以外の分野における産業保健業務との共通点も多い。

2.1　産業保健の守備範囲の変遷

　産業保健・労働衛生分野での職務内容は近年多様化の一途を辿っている。労働安全衛生法が施行された昭和47年当時は中毒や一般疾病への対応が主たるものであったが、近年は過重労働による循環器疾患や心理的負荷によるメンタルヘルス不調、多源的要因による作業関連疾患、仕事と病気の両立支援、高年齢労働者対策など、その守備範囲は多岐にわたりつつある（図1.15）。

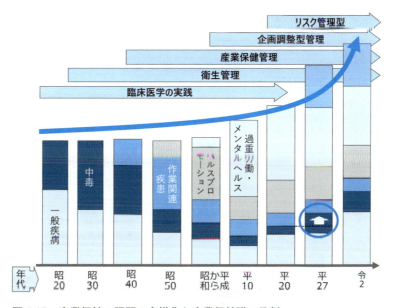

図1.15　産業保健の課題の多様化と産業保健職の役割

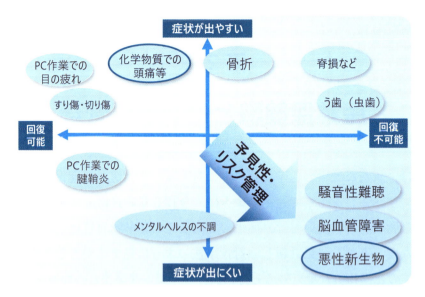

図 1.16　産業保健の課題の多様化と産業保健職の役割

特に近年の傾向としては、脳・心臓疾患や悪性腫瘍など不顕性かつ回復困難な疾患の予防が、産業保健の守備範囲を広く占めつつある（**図 1.16**）。このことは、早期発見・早期介入という「二次予防」の観点から、これらの疾患のリスクを制御してその発生自体を予防する「一次予防」の観点へと、その活動のフォーカスを向ける必要性を示しているといえる。

2.2　リスク要因と予見可能性

一次予防を実践する際には、標的とする疾患およびそのリスク要因を特定する必要があるが、医学的な知見と併せて、その予見可能性とされている職場要因についても考慮をする必要がある（**図 1.17**）。

例えば、過重労働による脳・心臓疾患の業務上外の認定基準においては、労働時間要因のほか、不規則勤務や勤

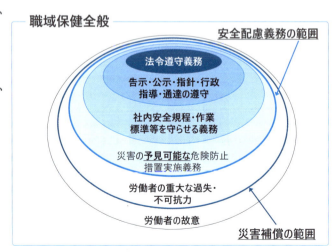

図 1.17　安全配慮義務の範囲

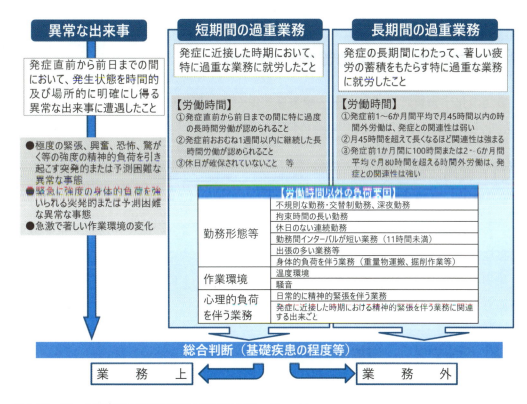

図1.18 脳・心臓疾患の業務起因性の判断のフローチャート

務間インターバルなどの「勤務形態」や、温度や騒音などの「作業環境」なども、その負荷要因として考慮することとされており（**図1.18**）、また当該労働者の健康診断結果等に基づく健康状態にも配慮が必要である。すなわち、「勤務形態」や「作業環境」は、脳・心臓疾患発症を予見する可能性がある要因の一つであり、これらの要因が実際に存在している場合には、リスクを低減するための介入点の一つとして制御の可能性を検討することが求められる。

また、一般健康診断の事後措置に際しても、例えば「未治療の重度の高血圧症」という要因が見られた労働者が、「高所作業」や「業務用車運転」という作業に従事することは事故等のリスクが高いと判断して、一時的に就業制限措置を図ることがある。こうした例のように、産業保健の現場では既に「リスクに基づく管理」が広く導入・実践されている。

化学物質管理にテーマを戻すと、SDS等で伝達される「危険性・有害性」と、職場での「ばく露の程度」によって導かれるリスクに対して対応を図ることが職場で求められており、これらの要素の制御を検討するという考え方は共通したものと言える。

2.3　産業医と化学物質管理の接点

職場の化学物質管理で産業医・産業保健職が関わる点については、本書第2部第4章で詳述しているが、ここではその概要を記載する。

(1) 職場巡視

産業医による職場巡視の目的は様々であるが、化学物質管理の観点ではⅰ) リスクアセスメントが適切に実施されているか、ⅱ) 労働者へのばく露防止対策が適切に実施されているか、を視る必要がある。特にⅰ) については、リスクアセスメント対象物の有無や、そのばく露状況が正しくアセスメントに使われているか、などを見極める必要がある。

(2) 衛生委員会、職場衛生懇談会等

衛生委員会等では、化学物質管理者等によるリスクアセスメント結果の報告に基づき、リスク低減対策の要否およびその具体的な検討が行われる。産業医としては、当該事業場で使用しているリスクアセスメントの方法をよく理解したうえで、職場巡視や労働者との面接等で得られた職場の状況を考慮しながら、適宜助言・指導をすることが望まれる。

(3) リスクアセスメント対象物健康診断

① リスクアセスメント対象物健康診断の実施の要否

リスクアセスメントの結果「リスクが許容できない」場合には、リスクアセスメント対象物健康診断の要否の検討がされる。この意思決定は事業者によるものであるが、医学の専門家として産業医の意見が求められる場合が想定される。

なお第1章で述べた通り、「呼吸域濃度」を評価するリスクアセスメントの結果「リスクが許容できない」場合であっても、適切なばく露防止対策により「吸入濃度」が許容範囲内で制御されている場合には、必ずしもリスクアセスメント対象物健康診断の実施は求められてはおらず、また、リスクアセスメントの時点で「リスクが許容範囲内」であっても、過去の業務歴やばく露状況等から遅発性疾病の可能性が否定できない場合などはリスクアセスメント対象物健康診断の実施が考えられるなど、その作業者の「健康障害発生リスク」を考慮した要否の判断が必要である。

② リスクアセスメント対象物健康診断の項目の設定

　リスクアセスメント対象物健康診断の実施が「要」と判断をされた場合には、その健診項目は「医師等が必要と認める項目」とされており、産業医にその健診項目の相談がされる可能性が想定される。第3項健診と第4項健診で健診項目の設定方法が異なることや、物質ごとの有害性により健診項目が異なることなど、有害性情報に基づく標的健康影響を見極めて、そのスクリーニングに資する検査項目を提案することが望ましい。

　なお、健康診断を実施したのちには、その結果に応じた事後措置を、必要に応じて本人だけではなく職場にも実施することが必要である。

(4) 事業場におけるがんの発生の把握の強化

　第1章でも触れたが、化学物質を製造し、または取り扱う同一事業場で、1年以内に複数の労働者が同種のがんに罹患したことを把握した時は、その罹患が業務に起因する可能性について医師の意見を聴き、また、医師がその罹患が業務に起因するものと疑われると判断した場合は、遅滞なく、その労働者の従事業務の内容等を所轄都道府県労働局長に報告する必要があるとされている（**図1.19**）。この背景に

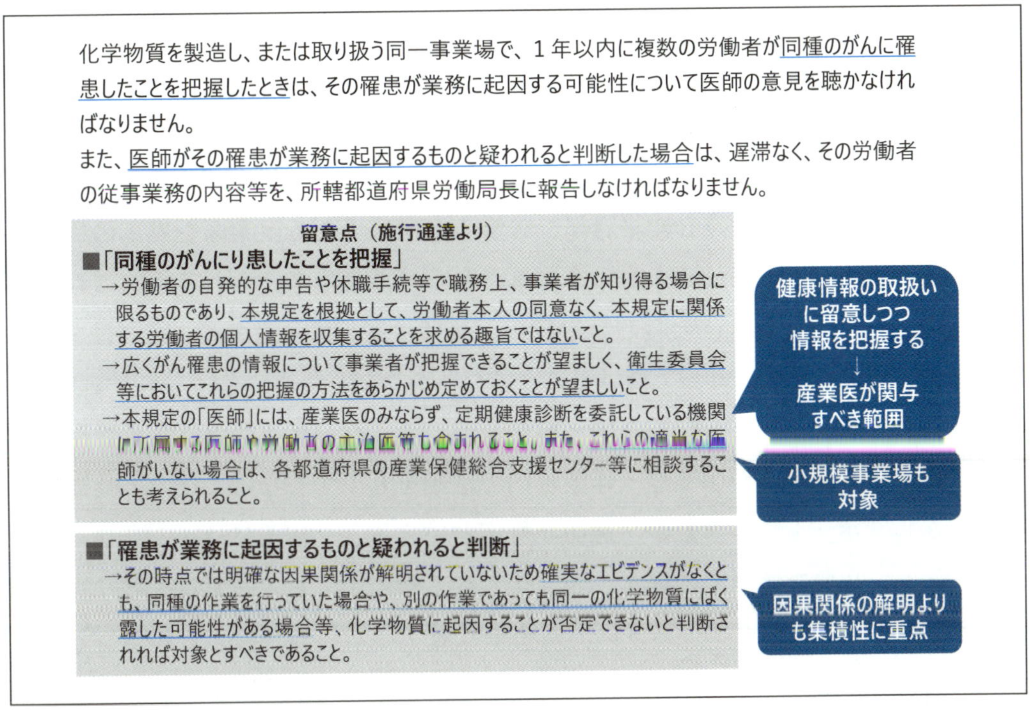

> 化学物質を製造し、または取り扱う同一事業場で、1年以内に複数の労働者が同種のがんに罹患したことを把握したときは、その罹患が業務に起因する可能性について医師の意見を聴かなければなりません。
> また、医師がその罹患が業務に起因するものと疑われると判断した場合は、遅滞なく、その労働者の従事業務の内容等を、所轄都道府県労働局長に報告しなければなりません。

留意点（施行通達より）
■「同種のがんに罹患したことを把握」
→労働者の自発的な申告や休職手続等で職務上、事業者が知り得る場合に限るものであり、本規定を根拠として、労働者本人の同意なく、本規定に関係する労働者の個人情報を収集することを求める趣旨ではないこと。
→広くがん罹患の情報について事業者が把握できることが望ましく、衛生委員会等においてこれらの把握の方法をあらかじめ定めておくことが望ましいこと。
→本規定の「医師」には、産業医のみならず、定期健康診断を委託している機関に所属する医師や労働者の主治医等も含まれること。また、これらの適当な医師がいない場合は、各都道府県の産業保健総合支援センター等に相談することも考えられること。

■「罹患が業務に起因するものと疑われると判断」
→その時点では明確な因果関係が解明されていないため確実なエビデンスがなくとも、同種の作業を行っていた場合や、別の作業であっても同一の化学物質にばく露した可能性がある場合等、化学物質に起因することが否定できないと判断されれば対象とすべきであること。

- 健康情報の取扱いに留意しつつ情報を把握する
  ↓
  産業医が関与すべき範囲
- 小規模事業場も対象
- 因果関係の解明よりも集積性に重点

図1.19　遅発性疾病の把握強化

は、それまでヒトに対する有害性にかかる知見のない化学物質によるがん等の疾病が近年国内で集積発生したことがあり、医学的なエビデンスがあること以上に「同一疾病の集積性」に焦点を当てた対応という点で特徴的である。産業医は、当該事案に係る事業者からの相談を受けることが想定されるほか、当該疾患の職域での情報の収集や取扱い方法等における注意点等について、事業者に助言指導をすることが想定される。

(5) 緊急時対応等

SDS 等により伝達された危険性・有害性情報に基づき、大量ばく露等による急性影響が発生した際の対応等について、SDS に記載されている情報等に基づき、応急措置の方法や、医療機関へ搬送する場合に SDS に記載されている各種情報の速やかな伝達等、医学的専門家の立場から職場への助言指導をすることが期待される。特に嘱託産業医の場合は、必ずしもその現場に急行できるわけではないことから、職場の応急対応について事前に関係者とその方法について検討することも望まれる。

2.4　職場の化学物質における産業医のスタンス

職場の化学物質管理における産業医の役割は、その事業場・作業場が「リスクに基づく自律的な管理」を実践できるように支援に徹することである。既に事業場内に化学物質管理の部門がある事業場は良いが、中小零細企業等では化学物質管理を取り仕切る専属部門が必ずしも設置されておらず、専門的知識を有する職員に乏しい場合も少なくない。そうした場合に、医学の専門家である産業医や外部の機関にリスクアセスメントの実施そのものを打診される可能性も考えられるが、これらを安易に引き受けることは、一時的な対策の実施には寄与するものの、その事業場・作業場の自律性の醸成を却って妨げることになりかねないため、避けるべきである。

リスクアセスメントの実践等の化学物質管理のキーパーソンは化学物質管理者であり、化学物質管理者が事業場・作業場内で活動をしやすくなるように、産業保健の立場からサポートすることが、適切な対応といえる。具体的には、ⅰ）リスクアセスメントに必要な情報源の提示、ⅱ）リスクアセスメントツールの使用方法等にかかる助言、ⅲ）リスクアセスメントの結果に対する助言等が考えられる。その観点から言えば、産業医は直接リスクアセスメントをするわけではないが、その実施方法等についての知識や理解をしておくことが望ましい。

なお、リスクアセスメント対象物健康診断の実施の要否や健診項目の設定に際しては産業医をはじめとした医師等の関わりが大きいが、これらについても最終的な判断をするのは事業者であり、医師はそれに対して意見を述べるというスタンスと解釈できる。

第2部

新たな職場の化学物質管理と産業医の実務

第 1 章
ラベル・SDS の役割と職場での利活用

1.1　化学物質の危険有害性の伝達ツール：ラベルと SDS

　化学物質の危険性・有害性はその化学物質により固有であり、また複数の化学物質を混合した製品では構成化学物質の相加的な危険性・有害性を考慮しなければならない場合もある。また、化学物質の危険性・有害性は必ずしもヒトの五感では感知することができず、作業者本人が気づかないうちにばく露されている可能性もある。そのことが即座に健康に悪影響を与えるとは限らないが、一定期間を経て発症するいわゆる「遅発性疾病」などの予防的な観点を含め、「化学物質を取り扱う人」が「直接的」にその「危険性・有害性」を知り、ばく露を最小限度にするための対策を講じることが重要となる。

　こうした危険性・有害性情報を伝達する手段は、当初はそれぞれの国家や企業等が自ら定めた手法で行われてきたが、2003 年に国連勧告「化学品の分類および表示に関する世界調和システム（GHS：The Globally Harmonized System of Classification and Labelling of Chemicals）」が採択され、①化学品の危険有害性を世界的に統一された一定の基準に従って分類し、②絵表示等を用いて分かりやすく表示し、③その結果をラベルや SDS（Safety Data Sheet：安全データシート）に反映させることで、災害防止及び人の健康や環境の保護に役立てるという方針が示され、各国への協調・調和が求められた。日本においても日本産業規格（JIS）が GHS の考え方に基づいた危険有害性分類（JIS Z 7252）及び情報伝達（JIS Z 7253）を導入しており、同規格に基づくラベル及び SDS が使用されている。

(1) ラベル

　「ラベル」は労働者を対象に直接分かりやすく危険性・有害性を伝えるために容器等に表示をしたものであり、その記載内容は大きく「危険有害性にかかる情報」「取扱いや応急時の対応」に分けられる（図 2.1）。このうち「危険有害性にかかる情報」について、表示されている内容からその化学品の危険有害性を把握するためには「絵

表示の意味」「注意喚起語の種類」を知る必要があり、この見方を作業者に教育・啓発をすることがまずは重要である。特に、絵表示は作業者の母国語の如何にかかわらず容易に危険有害性情報を伝達することができる（**図 2.3** 参照）。なお、安衛法第 57 条ではいわゆる「リスクアセスメント対象物」におけるラベルの表示を罰則付きで義務化している。

(2) 安全データシート（SDS）

「SDS」は事業者間での詳しい情報伝達を目的として開発されたもので、情報提供が必要な内容として 16 項目が提示されている（**図 2.2**）。SDS を作成・交付するのは当該化学品を製造するメーカーであり、サプライチェーンの川下企業に対して情報の伝達・提供が求められている。なお、労働安全衛生法令での交付対象物質はラベルと同様に安衛法第 57 条に基づくいわゆる「通知対象物」であり、

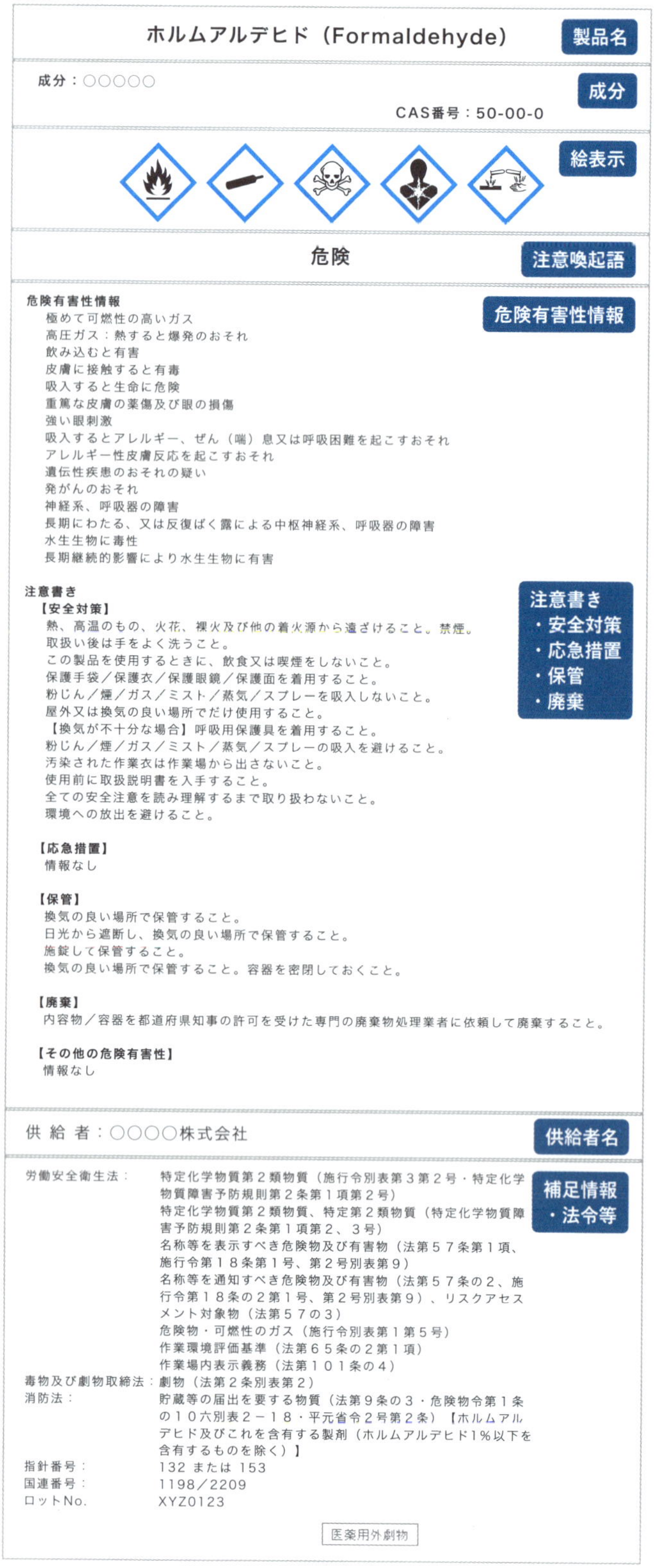

ホルムアルデヒド（Formaldehyde）　製品名

成分：○○○○○　成分
CAS番号：50-00-0

絵表示

危険　注意喚起語

危険有害性情報　危険有害性情報
極めて可燃性の高いガス
高圧ガス：熱すると爆発のおそれ
飲み込むと有害
皮膚に接触すると有毒
吸入すると生命に危険
重篤な皮膚の薬傷及び眼の損傷
強い眼刺激
吸入するとアレルギー、ぜん（喘）息又は呼吸困難を起こすおそれ
アレルギー性皮膚反応を起こすおそれ
遺伝性疾患のおそれの疑い
発がんのおそれ
神経系、呼吸器の障害
長期にわたる、又は反復ばく露による中枢神経系、呼吸器の障害
水生生物に毒性
長期継続的影響により水生生物に有害

注意書き　注意書き・安全対策・応急措置・保管・廃棄
【安全対策】
熱、高温のもの、火花、裸火及び他の着火源から遠ざけること。禁煙。
取扱い後は手をよく洗うこと。
この製品を使用するときに、飲食又は喫煙をしないこと。
保護手袋／保護衣／保護眼鏡／保護面を着用すること。
粉じん／煙／ガス／ミスト／蒸気／スプレーを吸入しないこと。
屋外又は換気の良い場所でだけ使用すること。
【換気が不十分な場合】呼吸用保護具を着用すること。
粉じん／煙／ガス／ミスト／蒸気／スプレーの吸入を避けること。
汚染された作業衣は作業場から出さないこと。
使用前に取扱説明書を入手すること。
全ての安全注意を読み理解するまで取り扱わないこと。
環境への放出を避けること。

【応急措置】
情報なし

【保管】
換気の良い場所で保管すること。
日光から遮断し、換気の良い場所で保管すること。
施錠して保管すること。
換気の良い場所で保管すること。容器を密閉しておくこと。

【廃棄】
内容物／容器を都道府県知事の許可を受けた専門の廃棄物処理業者に依頼して廃棄すること。

【その他の危険有害性】
情報なし

供給者：○○○○株式会社　供給者名

補足情報・法令等

労働安全衛生法：	特定化学物質第２類物質（施行令別表第３第２号・特定化学物質障害予防規則第２条第１項第２号） 特定化学物質第２類物質、特定第２類物質（特定化学物質障害予防規則第２条第１項第２、３号） 名称等を表示すべき危険物及び有害物（法第５７条第１項、施行令第１８条第１号、第２号別表第９） 名称等を通知すべき危険物及び有害物（法第５７条の２、施行令第１８条の２第１号、第２号別表第９）、リスクアセスメント対象物（法第５７の３） 危険物・可燃性のガス（施行令別表第１第５号） 作業環境評価基準（法第６５条の２第１項） 作業場内表示義務（法第１０１条の４）
毒物及び劇物取締法：	劇物（法第２条別表第２）
消防法：	貯蔵等の届出を要する物質（法第９条の３・危険物令第１条の１０六別表２－１８・平元省令２号第２条）【ホルムアルデヒド及びこれを含有する製剤（ホルムアルデヒド1%以下を含有するものを除く）】
指針番号：	132 または 153
国連番号：	1198／2209
ロットNo.	XYZ0123

医薬用外劇物

図 2.1　ラベルの例（厚生労働省「モデルラベル」より）

令和7年2月時点では罰則対象となっていないが、未通知または虚偽の通知をした場合には今後罰則を科すことが検討されている。

SDS の記載項目
1) 化学物質等（化学品／製品）及び会社情報
2) 危険有害性の要約（GHS 分類結果、ラベルの要素）
3) 組成及び成分情報
4) 応急措置
5) 火災時の措置
6) 漏出時の措置
7) 取扱い及び保管上の注意
8) ばく露防止及び保護措置
9) 物理的及び化学的性質
10) 安定性及び反応性
11) 有害性情報
12) 環境影響情報
13) 廃棄上の注意
14) 輸送上の注意
15) 適用法令
16) その他の情報

図 2.2　SDS に記載する 16 項目

◆ ラベルの有無とリスクアセスメント対象物

　リスクアセスメント対象物を裾切値以上含む化学品の容器にはラベルの表示が義務付けられているが、ラベルが表示されている＝リスクアセスメント対象物とは限らないことに注意が必要である。これは、国際的には危険性・有害性のある物質はすべてラベル表示や SDS 交付の対象であることや、使用者・消費者に対する注意喚起としてラベル等が表示されている場合があるためである。
　なお、リスクアセスメント対象物ではなくとも、必要と判断した際にはその物質の危険性・有害性情報に基づくリスクアセスメントをすることは、望ましい対応と言える。

1.2　ラベル・SDS を読むために知っておきたいこと

（1）絵表示と注意喚起語

① 絵表示

　絵表示は危険性・有害性の種類とその程度が一目で分かるように作られたものであり、ラベル・SDS では GHS で示されている 9 種類が用いられている（図 2.3）。このうち、「有害性」にかかる絵表示である「腐食性」「どくろ」「感嘆符」「健康有害性」がラベル等に表示されている場合には、ヒトに対する健康影響の可能性があることの理解を作業者に促し、ばく露を最小限度にする対応ができるように啓発をすることが望まれる。

爆弾の爆発	炎	円上の炎
 爆発物（不安定爆発物，等級 1.1 ～1.4） 自己反応性化学品（タイプ A，B） 有機過酸化物（タイプ A，B）	 可燃性ガス（区分 1） 自然発火性ガス エアゾール（区分 1，区分 2） 引火性液体（区分 1 ～ 3） 可燃性固体 自己反応性化学品（タイプ B ～ F）、自然発火性液体、自然発火性固体、自己発熱性化学品、水反応可燃性化学品、有機過酸化物（タイプ B ～ F）、鈍性化爆発物	 酸化性ガス 酸化性液体 酸化性固体
ガスボンベ	**腐食性**	**どくろ**
 高圧ガス	 金属腐食性化学品 皮膚腐食性 眼に対する重篤な損傷性	 急性毒性（区分 1 ～ 3）
感嘆符	**健康有害性**	**環　境**
 急性毒性（区分 4） 皮膚刺激性（区分 2） 眼刺激性（区分 2A） 皮膚感作性 特定標的臓器毒性（単回ばく露）（区分 3） オゾン層への有害性	 呼吸器感作性 生殖細胞変異原性 発がん性 生殖毒性（区分 1，区分 2） 特定標的臓器毒性（単回ばく露）（区分 1，区分 2） 特定標的臓器毒性（反復ばく露）（区分 1，区分 2） 誤えん有害性	 水生環境有害性［短期（急性）区分 1，長期（慢性）区分 1，長期（慢性）区分 2］

図 2.3　GHS で使用する絵表示と危険有害性クラス（JIS Z 7253 より、一部改変）

② 注意喚起語

注意喚起語には「危険」と「警告」の 2 種類があり、「危険」は重大性が高い、「警告」は重大性が高くはない危険性・有害性に用いられる。

(2) GHS 分類と危険有害性情報

絵表示や注意喚起語の根拠となる危険性・有害性についての、より詳しい情報は「危険有害性情報」としてラベルや SDS に記載がされている。

① ラベルに記載されている危険有害性情報

作業者が直接見ることを主な目的としている「ラベル」には、その製品の危険性・有害性の種類とその程度を「短く」表した文言が記載されている。例えば「可燃性

の高いガス」「飲み込むと生命に危険」などであり、これらは後述するGHS分類結果に基づき設定されたものである。この短いフレーズを読むだけでも、当該物質の危険性・有害性の種類、重大性を知ることができる（**図2.1**参照）。

② SDSに記載されている危険有害性情報

主に事業者や化学物質管理の実務担当者間での情報伝達を目的としている「SDS」には、より詳しい危険性・有害性情報が記載されている（**図2.4**）。

(a) 危険有害性の要約（SDS第2項）

GHS分類で規定されている危険性・有害性はそれぞれ17項目、13項目があり、項目ごとにその分類根拠の内容に基づき「区分」が設定されている（**図2.5**）。区分は原則的には数値が小さいほど「危険性・有害性が高い」と評価する。なお、すべての危険性・有害性にかかる情報があるわけではなく、情報がないために区分がされていない危険性・有害性については、必ずしもSDSの第2項には記載されていない。

(b) 有害性情報（SDS第11項）

SDS第2項に要約されている危険性・有害性情報のうち「健康有害性」については、その分類根拠となった知見やその情報ソースに係る記述がSDS第11項に「有害性情報」として記載されている（**図2.6**）。SDS第2項では主に標的臓器と

安全データシート（SDS）

ビス（2-クロロエトキシ）メタン

1. 化学品等及び会社情報
　［省略］

2. 危険有害性の要約
GHS分類
分類実施日（物化危険性及び健康有害性）
　H28.03.18、政府向けGHS分類ガイダンス（H25年度改訂版（ver1.1））を使用
　GHS改訂4版を使用
健康に対する有害性
　急性毒性（経口）　　　　　　　区分3
　急性毒性（経皮）　　　　　　　区分2
　急性毒性（吸入：蒸気）　　　　区分1
　皮膚腐食性／刺激性　　　　　　区分2
　眼に対する重篤な損傷性／眼刺激性　区分2
　特定標的臓器毒性（反復ばく露）　区分2（心臓、呼吸器）
分類実施日（環境有害性）
　H27.07.01、政府向けGHS分類ガイダンス（H25年度改訂版（ver1.1））を使用
環境に対する有害性
　水生環境有害性（急性）　　　　分類実施中
　水生環境有害性（長期間）　　　分類実施中

注）上記のGHS分類で区分の記載がない危険有害性項目については、政府向けガイダンス文書で規定された「分類対象外」、「区分外」または「分類できない」に該当する。なお、健康有害性については後述の11項に、「分類対象外」、「区分外」または「分類できない」の記述がある。

［省略］

図2.4　SDSの「危険有害性の要約」の例（厚生労働省「モデルSDS」より）

物理化学的危険性		区分1	区分2	区分3	区分4
爆発物					
可燃性ガス	可燃性ガス				
	自然発火性ガス				
	化学的に不安定なガス				
エアゾールおよび加圧下化学品	エアゾール				
	加圧下化学品				
酸化性ガス					
高圧ガス		（圧縮ガス、液化ガス、深冷液化ガス、溶解ガス）			
引火性液体					
可燃性固体					
自然発火性液体					
自然発火性固体					
自己発熱性物質および混合物					
水反応可燃性物質および混合物					
酸化性液体					
酸化性固体					
金属腐食性物質					
鈍性化爆発物					

物理化学的危険性	タイプA	タイプB	タイプC	タイプD	タイプE	タイプF	タイプG
自己反応性物質および混合物							
有機過酸化物							

健康有害性		区分1	区分2	区分3	区分4	区分5
急性毒性	経口					
	経皮					
	吸入（ガス）					
	吸入（蒸気）					
	吸入（粉じん・ミスト）					
皮膚腐食性・刺激性		腐食性*1	刺激性	刺激性		
眼に対する重篤な損傷性／眼刺激性		損傷性	刺激性*2			
呼吸器感作性		1A/1B				
皮膚感作性		1A/1B				
生殖細胞変異原性		1A/1B				
発がん性		1A/1B				
生殖毒性		1A/1B				
特定標的臓器毒性（単回）						
特定標的臓器毒性（反復）						
誤えん有害性						

環境有害性		区分1	区分2	区分3	区分4	区分5
水生環境有害性	短期（急性）					
	長期（慢性）					
オゾン層への有害性						

*1：1A/1B/1C の区分あり　　■：JIS で区分枠が設定されている
*2：2A/2B の区分あり　　　　■：JIS では採用されていない

図 2.5　GHS による危険性・有害性の区分

安全データシート（SDS）

o-トルイジン

1. 化学品等及び会社情報
   ［省略］
2. 危険有害性の要約
   GHS 分類

分類実施日	H25.8.22、政府向け GHS 分類ガイダンス（H25.7 版）を使用 GHS 改訂 4 版を使用
物理化学的危険性	引火性液体　　　　　　　　　　　　　　　区分 4
健康に対する有害性	急性毒性（経口）　　　　　　　　　　　　区分 4
	急性毒性（吸入：粉塵、ミスト）　　　　　区分 4
	眼に対する重篤な損傷又は眼刺激性　　　　区分 2A
	生殖細胞変異原性　　　　　　　　　　　　区分 2
	発がん性　　　　　　　　　　　　　　　　区分 1A
	特定標的臓器毒性（単回ばく露）　　　　　区分 1（中枢神経系、血液系、膀胱）、区分 3（麻酔作用）
	特定標的臓器毒性（反復ばく露）　　　　　区分 1（血液系、膀胱）

［省略］

11. 有害性情報
    ［省略］

    特定標的臓器毒性（反復ばく露）　o-トルイジンと p-トルイジンの生産工場で両物質への反復吸入ばく露を受けた作業者 81 名中 20 名にメトヘモグロビン血症が生じたとの記述（DFGOT vol. 3 (1992)）があり、本物質の急性影響の一つとしてメトヘモグロビン血症が知られていることから、本物質単独による反復ばく露でもメトヘモグロビン血症が生じるものと考えられた。また、この報告では 81 名中数名に膀胱粘膜に非腫瘍性変化（詳細不明）がみられたとあり、他の職業ばく露例では血尿、乏尿、排尿困難をきたした症例で、膀胱炎（組織学的に膀胱粘膜の変性を確認）と診断された症例の記述（DFGOT vol. 3 (1992)）があり、膀胱も標的臓器と考えられる。
    実験動物ではラットに 14 日間混餌投与した試験で……［省略］。

図 2.6　SDS 第 11 項の「有害性情報」（厚生労働省「モデル SDS」より）

　その有害性の程度を把握できるが、具体的な標的健康影響を評価する場合には第 11 項を参照する。例えば図 2.6 の o-トルイジンの場合、SDS 第 2 項の「特定標的臓器毒性（反復ばく露）」で「区分 1（血液系）」と記載されているだけでは、どのような血液疾患が起こり得るかが読み取れないが、SDS 第 11 項の「メトヘモグロビン血症」との記載から、具体的な健康影響を知ることができる。

　なお、GHS による分類では必ずしもヒトを対象とした疫学調査の知見や症例報告等が用いられているわけではなく、動物実験等による知見も広くその分類根拠に用いられているので、その外挿性については留意する必要がある。

(3) GHSと各国の法令・規格等との整合性

GHS分類の方法や、ラベル及びSDSの記載内容は必ずしも国連勧告に基づく国連GHS文書と同じものである必要はなく、基本的な理念は踏襲しつつ各国はそれぞれのシステムにどのような部分を当てはめるかを決める裁量が与えられている。日本の場合でも、例えば国連GHS文書では提示されている「急性毒性：区分5」はJIS規格及びそれに基づく分類ガイドラインではその設定がなく、またラベルやSDSについても、国連GHS文書で定めている要件とJISや安衛法で定めている要件は完全には一致しない（**表2.1**）ので、同じ化学物質・化学品でもその書き振りが異なる場合もある。なお、ラベルやSDSについては、国連GHS文書に基づいて作成をすれば国内法令等の要件は満たしたものとなる。

表2.1　ラベルについて、国連GHS文書で定めている要件と労働安全衛生法で定めている要件の違い

国連GHS文書で定めている項目	安衛法57条で定めている項目
・製品の特定名 ・注意喚起語 ・絵表示 ・危険有害性情報 ・注意書き ・補足情報 ・供給者の特定 　（製造業者または供給者の名前、住所および電話番号）	・名称 ・人体に及ぼす作用 ・貯蔵または取扱い上の注意 ・標章（GHSの絵表示） ・表示をする者の氏名（法人にあってはその名称）、住所及び電話番号 ・注意喚起語 ・安定性および反応性 ・当該物を取扱う労働者に注意を喚起するための標章で厚生労働大臣が定めるもの

1.3　職場におけるSDSのユースケース

SDSは事業者間等の危険性・有害性情報の伝達を円滑にすることを目的としたものであるが、職域における安全衛生管理の観点からは、以下の用途が考えられる。

（1）中毒等の救急対応時の利活用

当該化学物質による事故等（特に急性中毒）が発生した場合の対処法等がSDSには書かれている（**図2.7**）。現場での応急措置および救急搬送された医療機関での医療的対処に際して、原因物質の特定及びその対処法に係る情報は治療を円滑に進める際の重要な情報源である。したがって、職場で事故が発生した場合の「ファース

トエイド」を従業員に啓発する際の資料として活用するほか、救急搬送の際にすぐに持ち出しができる場所に保管をする等の対応が必要である。

```
1) 化学物質等（化学品／製品）及び会社情報
2) 危険有害性の要約（GHS 分類結果、ラベルの要素）
3) 組成及び成分情報        4) 応急措置
5) 火災時の措置            6) 漏出時の措置
7) 取扱い及び保管上の注意   8) ばく露防止及び保護措置
9) 物理的及び化学的性質    10) 安定性及び反応性
11) 有害性情報             12) 環境影響情報
13) 廃棄上の注意           14) 輸送上の注意
15) 適用法令               16) その他の情報
```

図 2.7　SDS の記載項目（救急対応時の活用）

(2) 従業員に対するリスクコミュニケーション

職場でのリスクコミュニケーションの目的は、化学品を使用する作業者が危険性・有害性を軽視しないように、また過度に不安に感じないように、正しい知識の下で取り扱えるように教育啓発をすることである。併せて、(1) の

```
1) 化学物質等（化学品／製品）及び会社情報
2) 危険有害性の要約（GHS 分類結果、ラベルの要素）
3) 組成及び成分情報        4) 応急措置
5) 火災時の措置            6) 漏出時の措置
7) 取扱い及び保管上の注意   8) ばく露防止及び保護措置
9) 物理的及び化学的性質    10) 安定性及び反応性
11) 有害性情報             12) 環境影響情報
13) 廃棄上の注意           14) 輸送上の注意
15) 適用法令               16) その他の情報
```

図 2.8　SDS の記載項目（リスクコミュニケーション）

ように万が一の中毒事故が発生した場合の迅速な対応にも繋がるため、ラベルでの情報伝達と併せて、より詳細な情報が掲載されている SDS の内容を簡潔にまとめたうえで、衛生委員会や各職場での安全衛生活動の取り組みを通して、取扱い方法やばく露防止対策への理解を図ることが望ましい。なお、有害性のみではなく「5：火災の措置」「6：漏出時の措置」などの危険性等に対する安全管理の対応にかかる啓発を併せて実施することも、職場での理解を促すうえで効果的である（図 2.8）。

(3) リスクアセスメントの情報源

化学物質のリスクアセスメントは、「危険性・有害性」と「ばく露の程度」の二つの情報を基に実施をするが、「有害性」に係る情報源は SDS に記載されている情報から読み取ることがまず検討される（図 2.9）。特に、リスクアセスメントのうち「マトリクス法」や「CREATE-SIMPLE」などの実測以外の方法を用いる場合は、危険性・有害性の評価に際して GHS 分類区分が用いられるため、その化学品の SDS がないとリスクアセスメントができないことになる。また、ばく露の程度を評価する際

		GHSの健康有害性分類項目
1) 化学物質等（化学品／製品）及び会社情報		急性毒性
2) **危険有害性の要約（GHS分類結果、ラベルの要素）**		皮膚腐食性／刺激性
3) 組成及び成分情報	4) 応急措置	眼に対する重篤な損傷性／眼刺激性
5) 火災時の措置	6) 漏出時の措置	呼吸器感作性または皮膚感作性
7) 取扱い及び保管上の注意	8) ばく露防止及び保護措置	生殖細胞変異原性
9) **物理的及び化学的性質**	10) 安定性及び反応性	発がん性
11) 有害性情報	12) 環境影響情報	生殖毒性
13) 廃棄上の注意	14) 輸送上の注意	特定標的臓器毒性（単回ばく露）
15) 適用法令	16) その他の情報	特定標的臓器毒性（反復ばく露）
		誤えん有害性

図2.9　SDSの記載項目（リスクアセスメントの情報源）

にも揮発性などの「物理的および化学的性質」に係る情報を用いるため、やはりSDSの情報がないとリスクアセスメントを適切に実施できない。

（4）リスクアセスメント対象物健康診断の情報源

リスクアセスメントの結果に基づく検討の結果、「作業者の健康障害発生リスクが許容できない」と判断された場合には、リスクアセスメント対象物健康診断の実施が企画される。そのスクリーニングの対象となる標的臓器及び標的健康影響を特定する際に、SDSに書かれている有害性情報が参考となる（**図2.10**）。

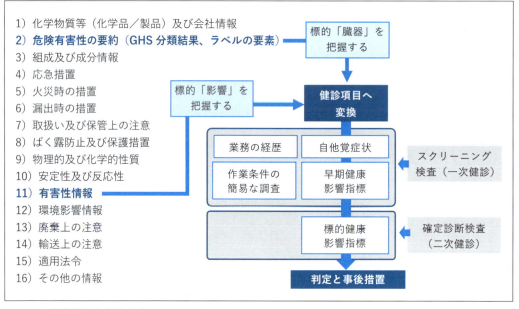

図2.10　標的臓器と標的健康影響の特定

第2章

リスクアセスメントの実務を知る

2.1 リスクアセスメントの実施者とタイミング

　令和6年4月に施行された職場の化学物質管理に係る法令改正では、リスクアセスメント対象物を一定量以上含む化学品を取り扱う事業場では、SDS等によりサプライチェーンの川上から伝達された危険性・有害性情報を基に、化学物質のリスクアセスメントをすることが義務付けられた。本節では、リスクアセスメントを事業場内で実施する体制等について説明する。

(1) リスクアセスメントの実施者

① 化学物質管理者と作業者との関係

　化学物質管理に限らず、職場における労働衛生管理はその事業場や作業場が主体となって行うことが望ましい。この考え方は令和5年度より開始されている第14次労働災害防止計画にも反映されている。

　化学物質管理においては、令和6年4月に施行された職場の化学物質管理に係る法令改正で、化学品を取り扱う事業場はその事業場規模にかかわらず「化学物質管理者」を選任することが義務付けられ、「事業場における化学物質管理に係る技術的事項」を「管理する者」として位置づけられている。この技術的事項とは「ラベル・SDSの作成（化学品を製造する事業場に限る）」「リスクアセスメントの実施」「ばく露防止措置の実施」「記録・保存」「労働者への周知・教育等」とされており、化学物質管理者はそれらを統括的に管理する立場である。したがって、化学物質管理者が「自らリスクアセスメントを実施する」ことが必ずしも求められているわけではなく、むしろ化学物質管理者の管理の下、各作業場でリスクアセスメントが実施されることが望ましい姿と言える。

② 産業医とリスクアセスメントとの接点

　産業医が直接リスクアセスメントをするという状況は想定されておらず、むしろ、

リスクアセスメントの結果に対して、作業環境管理・作業管理などの「リスク低減対策」の助言指導のほか、作業者の健康障害発生リスクが許容できないと判断された場合には「リスクアセスメント対象物健康診断」の実施に係る助言指導をすることが想定されている。したがって、リスクアセスメントにかかる一連の知識やその結果の解釈等について理解をしておく必要がある。

なお、事業場規模の小さい職場など化学物質管理の実務経験等が乏しい職場においては、有害性にかかるリスクアセスメントには医学的な知識等も含まれることから、外部の専門職にリスクアセスメントの実施そのものを求める場合があるかもしれない。その際、外部の専門職が技術的な助言や指導等の「支援」をすることは想定されるが、リスクアセスメントの実施自体を請け負うことは推奨されない。なぜなら、職場や従業員が危険性・有害性の情報に直接触れる機会を削ぎ、併せてリスクアセスメントの実務能力の育成を妨げることとなり、結果として職場の自律性を醸成する機会を損なうことになりかねないためである。

事業場の自律的な管理を促すという観点からは、事業場規模にかかわらず選任されている「化学物質管理者」による管理が適切に運用されるように支援をすることが、外部専門家の接点として重要と考えられる。

(2) リスクアセスメントのタイミング

リスクアセスメントは、その実施のタイミングについて一定の要件が定められている。それらは「①法令上の義務」と「②指針による努力義務」で分けることができる。

① リスクアセスメントの実施が義務である要件

以下の条件に該当する場合には、リスクアセスメントの実施を義務としている。これらは、当該化学品の取扱い内容の変更や、危険性・有害性の元の情報源に変更がある場合であることから「変更管理」とも呼ばれる。
・化学物質等を原材料等として新規に採用し、または変更する時
・化学物質等を製造し、または取り扱う業務に係る作業の方法または手順を新規に採用し、または変更する時
・化学物質等による危険性または有害性等についての情報に変化が生じ、または生ずるおそれがある時

② リスクアセスメントの実施が努力義務である要件

以下の条件に該当する場合には、リスクアセスメントの実施を努力義務としている。

- 化学物質等に係る労働災害が発生した場合であって、過去のリスクアセスメント等の内容に問題がある場合
- 前回のリスクアセスメント等から一定の期間が経過し、化学物質等に係る機械設備等の経年による劣化、労働者の入れ替わり等に伴う労働者の安全衛生に係る知識経験の変化、新たな安全衛生に係る知見の集積等があった場合
- 既に製造し、または取り扱っていた物質がリスクアセスメントの対象物質として新たに追加された場合など、当該化学物質等を製造し、または取り扱う業務について過去にリスクアセスメント等を実施したことがない場合

③ リスクアセスメントの実施に係る留意点

上記①及び②においては、「従来から取り扱っている化学物質」を「従来と同じ方法で」取り扱う場合にはリスクアセスメントの実施義務対象とはならず、作業状態や取扱い状況に何らかの変更がみられた際には、リスクアセスメントを実施することが求められている、と解釈することができる。しかしながら、従来の方法が必ずしもリスクが許容できるとは限らない場合もあることから、上記の解釈にとらわれ過ぎずに、計画的にリスクアセスメントの実施に努めることが望ましい。

なお、一般健康診断での問診等による自他覚症状や、産業医の健康相談の際などにおいて化学物質の使用に伴う愁訴等が疑われた場合には、因果関係の評価を検討するために、臨時の巡視等の実施による職場の評価とあわせて、必要に応じてリスクアセスメントの再実施等を要請することも検討の余地がある。

2.2 リスクアセスメントツールの種類

リスクアセスメントには様々なツールが開発されている。どのリスクアセスメントツールを使用するかについては、使用するツールが「①発生可能性×重篤度を考慮する方法」または「②ばく露の程度×有害性の程度を考慮する方法」のどちらかの条件を満たして

> ① [発生可能性×重篤度] を考慮する方法
> ・数値化する方法
> ・枝分かれ図を用いた方法　等
> ② [ばく露の程度×有害性の程度] を考慮する方法
> ・実測によるリスクアセスメント
> ・マトリクス法
> ・CREATE-SIMPLE を使用する方法　等
> ③ 上記に準ずる方法

図 2.11　リスク評価の方法

いることを条件に、事業者にその選択の裁量が委ねられている。

ここでは、特に経気道（吸入）ばく露による有害性について産業医が知っておきたい代表的なリスクアセスメントツールを紹介する。

（1）基準値について

化学物質のリスクアセスメントをする際に特徴的なことは、一部の物質についてはその評価の基準となる数値が定められていることである。基準値の種類としては「濃度基準値」「職業性ばく露限界値」「管理濃度」などが挙げられる。

① 濃度基準値

令和6年4月の法令改正に合わせて新設された、国が設定をする値。安衛法第22条に基づく基準であり、屋内作業場において「すべての労働者のばく露がそれを上回ってはならない濃度の基準」と規定されている。なお、この際の「労働者のばく露」とは、労働者が吸入した空気中の濃度（吸入濃度）を指しており、呼吸用保護具を使用していない場合は顔面周辺の環境中濃度（呼吸域濃度）がそれに該当し、呼吸用保護具を使用している場合は吸収缶等で捕集された後の保護具の内側の濃度と解釈する。なお、濃度基準値はすべての化学物質に設定がされているわけではない。

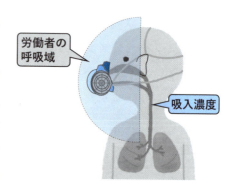

図 2.12　呼吸域濃度と吸入濃度（再掲）

濃度基準値には「八時間濃度基準値」「短時間濃度基準値（または天井値）」が存在し、いずれもしくは双方が定められている。「八時間濃度基準値」は測定による八時間時間加重平均値が超えてはならない値、「短時間濃度基準値」は作業中のいかなるばく露においても15分間時間加重平均値を超えてはならない値、「天井値」はいかなる短時間のばく露においても超えてはならない値として設定されている。

② 職業性ばく露限界値（OEL：Occupational Exposure Limit）

作業者個人のばく露濃度を評価することを主な目的に、学会や各国における労働衛生にかかる機関が提案・勧告をしている値。なお、日本産業衛生学会では、許容濃度という名称で「労働者が1日8時間、週間40時間程度、肉体的に激しくない労働強度で有害物質にばく露される場合に、当該有害物質の平均ばく露濃度がこの数

値以下であれば、ほとんどすべての労働者に健康上の悪い影響が見られないと判断される濃度」と規定している。

③ 管理濃度

有機則等の特別規則での作業環境測定において「単位作業場」の職場環境を評価する際に用いられる基準として国が設定をした値。作業環境測定は特別規則等におけるリスクアセスメントの手法であり、管理濃度が定められている物質については、作業環境測定結果に基づき算出した評価値を当該物質の管理濃度と比較することでリスクの見積もりをする。

④ 管理目標濃度

上記のような基準値がない場合において、推定モデルであるCREATE-SIMPLEではGHS分類区分（健康有害性）に応じた「管理目標濃度（範囲）」が設定され、ばく露防止の目安として用いることができる。

(2) 基準値がある場合のリスクアセスメントの実際

上記の基準値が設定されている場合には、実測によるリスクアセスメントを行い、その測定結果と基準値とを比較をすることが望ましい。

① 個人ばく露測定による方法

実測によるリスクアセスメントとして最も一般的な測定方法であり、作業者に個人サンプラーを装着してその作業者の呼吸域での個人ばく露濃度を測定する方法である。リスクアセスメントとして測定結果を評価する場合は、濃度基準値または職業性ばく露限界値と比較をして、その値を超えた場合には「リスクを許容できない」と判断する（**図 2.13**）。

図 2.13　個人ばく露測定によるリスクアセスメント

検知管を用いたリスクの評価方法

管理区分	定義	解釈（判定）	リスク
1A	補正測定値 < OEL × 0.03	極めて良好	小 ↑↓ 大
1B	補正測定値 < OEL × 0.1	十分に良好	
1C	補正測定値 < OEL × 0.3	良好	
2A	補正測定値 ≦ OEL × 0.5	現対策の有効性を精査、更なるばく露低減に努める	
2B	補正測定値 ≦ OEL	リスク低減措置を実施する	
3	OEL < 補正測定値	リスク低減措置を速やかに実施する	

＊ OEL：検知管用ばく露基準値

※測定方法および測定値の補正方法等はガイドブックを参照のこと

リアルタイムモニターを用いたリスクの評価方法

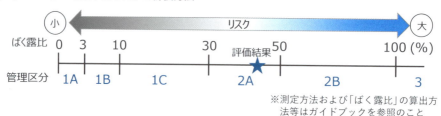

※測定方法および「ばく露比」の算出方法等はガイドブックを参照のこと

図 2.14　実測による測定結果のリスク評価方法（厚生労働省「検知管を用いた化学物質のリスクアセスメントガイドブック」、「リアルタイムモニターを用いた化学物質のリスクアセスメントガイドブック」より）

なお、濃度基準値がある場合においても推定モデルによる方法でリスクアセスメントをすることは認められているが、リスクアセスメントの結果「労働者のばく露が濃度基準値を超えるおそれがある（＝八時間濃度基準値の2分の1程度を超えると評価された場合）」作業を把握した場合は、呼吸域での実測、すなわち個人ばく露測定による「確認測定」を行わなければならない。

② 検知管、リアルタイムモニターによる方法

化学物質の種類によっては、検知管やリアルタイムモニターを用いて実測をすることができる場合がある。これらを用いた測定結果をリスクアセスメントとして評価する場合は、直接的に測定結果と基準値を比較するのではなく、実測値を一定の条件で補正した値を濃度基準値または職業性ばく露限界値と比較してリスクレベルを決定する（**図 2.14**）。具体的な補正方法等は「職場のあんぜんサイト」にある「検知管を用いた化学物質のリスクアセスメントガイドブック」、「リアルタイムモニターを用いた化学物質のリスクアセスメントガイドブック」等を参照いただきたい。

③ 作業環境測定による方法

単位作業場の中で等間隔で複数の測定を行い、その測定結果から算出した評価値

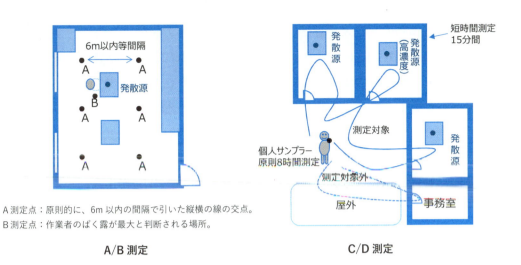

図 2.15　作業環境測定の測定方法（厚生労働省資料より）

（第1評価値、第2評価値）を基に管理濃度と比較することで作業場内でのばく露を「管理区分」として評価する方法（A/B 測定、**図 2.15 左**）、作業者に個人サンプラーを装着して測定した結果から算出した評価値（第1評価値、第2評価値）を基に管理濃度と比較することで作業場内でのばく露を評価する方法（C/D 測定、**図 2.15 右**）があり、作業場全体のばく露の低減を図ることを目的としている。

(3) 基準値がない場合のリスクアセスメントの実際

上記の基準値がない化学物質においては、実測ではなく推定モデルによるリスクアセスメントを実施することができる。推定モデルによるリスクアセスメントをする場合には、使用するツールに応じた「有害性情報」及び「ばく露関連情報」を収集する必要がある。

① CREATE-SIMPLE による方法

国際労働機関（ILO）が開発した化学物質のリスクアセスメントの一手法である「コントロールバンディング」をベースに、ばく露にかかる評価パラメータを追加することで、精度の高いアセスメントができるようにしたツールである。厚生労働省が国内向けに公開したコントロールバンディングが Web 上のツールであったことに対して本ツールは汎用性のあるアプリケーションを用いたものであり、「職場のあんぜんサイト」から公表されているものをダウンロードして使用する。なお、ガス状物質や粉じんではない固体は本ツールでのリスクアセスメントの対象外である。

(a) 有害性情報の収集及び評価（管理目標濃度範囲の設定）

CREATE-SIMPLE では物質検索機能が装備されており、物質名または化学物質番号を入力して検索することで、当該物質に係るGHS政府分類に基づく有害性区分が自動入力される。令和6年2月に更新された ver.3.0 からは、複数の化学物質の情報を同時に入力・アセスメントをすることが可能となった。

入力された GHS 有害性区分を基に「管理目標濃度」が設定される。各区分結果に基づく管理目標濃度は**表 2.2** の通りである。なお、GHS 有害性区分を個別に入力することも可能である。また、ばく露の評価に用いられる「揮発性・飛散性」についても、この時点で自動入力される。

(b) ばく露関連情報の収集及び評価（推定ばく露濃度範囲の算出）

CREATE-SIMPLE に用いるばく露パラメータを**表 2.3** に示す。これらの多くについても、職場でその情報を収集することが可能であり、新たに外部への情報収集等をすることは原則的には必要ない。

入力されたパラメータに基づくばく露評価のスキームを**図 2.16** に示す。「揮発

蒸気の初期ばく露濃度範囲

極低揮発性 （蒸気圧：0.5Pa 未満）	低揮発性 （沸点：150℃以上）	中揮発性 （沸点：50℃以上 150℃未満）	高揮発性 （沸点：50℃未満）	ばく露バンド (ppm)
10mL 未満	—	—	—	0.005 以上～0.05 未満
1000mL 未満	10mL 未満	—	—	0.05 以上～0.5 未満
L & kL	1000mL 未満	100mL 未満	10mL 未満	0.5 以上～5 未満
	L & kL	100mL～1000mL	10mL～1000mL	5 以上～50 未満
	—	L & kL	L	50 以上～500 未満
	—	—	kL	500～

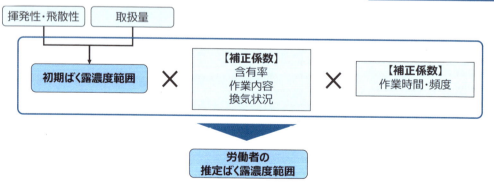

図 2.16　初期ばく露濃度と推定ばく露濃度の範囲の設定（厚生労働省「CREATE-SIMPLE の設計基準」より、一部改変）

表 2.2 管理目標濃度の設定（厚生労働省「CREATE-SIMPLE の設計基準」より）

令和 6 年 2 月に更新された ver.3.0 より「HL と GHS 有害性分類と区分」の組み合わせが Unified Hazard Banding を基に以下のものに変更されている。

HL	GHS 有害性分類と区分	管理目標濃度 蒸気 [ppm]	管理目標濃度 粉体 [mg/m³]
5	急性毒性（経口）：区分 1（吸入の GHS 区分がない場合） 急性毒性（吸入）：区分 1 生殖細胞変異原性：区分 1 発がん性：区分 1	～0.05	～0.001
4	急性毒性（経口）：区分 2（吸入の GHS 区分がない場合） 急性毒性（吸入）：区分 2 皮膚腐食性／刺激性：区分 1A 呼吸器感作性：区分 1 生殖細胞変異原性：区分 2 発がん性：区分 2 生殖毒性：区分 1 特定標的臓器毒性（反復ばく露）：区分 1	0.05～0.5	0.001～0.01
3	急性毒性（経口）：区分 3（吸入の GHS 区分がない場合） 急性毒性（吸入）：区分 3 皮膚腐食性／刺激性：区分 1B または 1C または区分 1 眼に対する重篤な損傷性／眼刺激性：区分 1 皮膚感作性：区分 1 生殖毒性：区分 2 特定標的臓器毒性（単回ばく露）：区分 1 特定標的臓器毒性（反復ばく露）：区分 2	0.5～5	0.01～0.1
2	急性毒性（経口）：区分 4（吸入の GHS 区分がない場合） 急性毒性（吸入）：区分 4 皮膚腐食性／刺激性：区分 2 眼に対する重篤な損傷性／眼刺激性：区分 2 特定標的臓器毒性（単回ばく露）：区分 2 または 3	5～50	0.1～1
1	誤えん有害性：区分 1 他の有害性ランク（区分 1～5）に分類されない粉体と液体	50～500	1～10

※1 区分 2A のように区分が細分化されている場合、表に細区分の記載がない場合には、区分 2 として取り扱う。
※2 複数の GHS 区分が当てはまる場合には、一番ハザードレベル（HL）の高い区分に基づき設定する。
※3 追加区分授乳影響のみが該当する物質は 4 物質（2024 年 2 月現在）であり、他の GHS 分類項目で HL3 以上となることから、対象としていない。

表 2.3 CREATE SIMPLE で用いるばく露パラメータ

有害性	皮膚吸収	危険性
・製品の 1 日の取扱量 ・スプレー作業の有無 ・塗布する場合の面積 ・作業場の換気状況 ・1 日当たりの作業時間 ・取扱いの頻度 ・作業中のばく露濃度の変動	・皮膚に接触する面積 ・手袋の着用状況 ・手袋の使用方法に関する教育	・化学品の取扱い温度 ・着火源の除去対策 ・爆発性雰囲気形成防止対策 ・近傍での有機物や金属の取扱 ・空気又は水に接触する可能性

性・飛散性」及び「取扱量」から求められた「初期ばく露濃度範囲」に、その他のばく露関連パラメータにより規定されている係数で補正をすることにより「推定ばく露濃度範囲」が自動計算される。

なお、令和6年2月に更新されたver.3.0からは、保護具の着用に係る入力項目は初期入力画面から削除され、リスクアセスメント後のリスク低減対策を検討する画面での入力となった。この理由は、CREATE-SIMPLEでのリスクアセスメントは呼吸域濃度に基づく職場環境に関する評価とし、リスク低減対策の際に吸入濃度の評価ができるようにしたことによる。

(c) リスクアセスメント

(a)で計算された「管理目標濃度」の上限値を基準値に代用して、(b)で計算された「推定ばく露濃度範囲」の上限値と比較をしてリスクレベルを決定する（図2.17）。なお、基準値がある物質の場合には、(a)の管理目標濃度よりも基準値が優先され、①濃度基準値、②職業性ばく露限界値の順に、(b)で計算された推定ばく露濃度範囲の上限値との比較を行いリスクレベルが決定される（図2.17）。

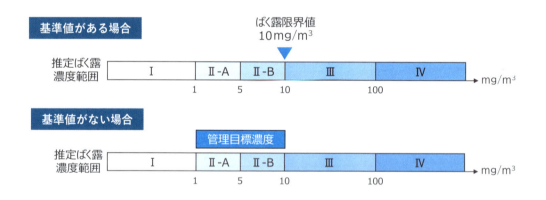

図2.17　リスクレベルの決定（厚生労働省「CREATE-SIMPLEの設計基準」より、一部改変）

② マトリクス法

有害性情報とばく露関連情報を基にそれぞれをいくつかのレベルに分けて評価をする方法である。

(a) 有害性情報の収集と有害性レベルの設定

マトリクス法に限らず、推定モデルによる有害性情報はSDSに記載のあるGHS

表2.4　GHS健康有害性のレベル分け（厚生労働省パンフレットより）

有害性の レベル	GHS分類における健康有害性クラスと区分	
A	・皮膚刺激性 ・眼刺激性 ・誤えん有害性 ・その他のグループに分類されない粉体、蒸気	区分2 区分2 区分1
B	・急性毒性 ・特定標的臓器（単回ばく露）	区分4 区分2
C	・急性毒性 ・皮膚腐食性 ・眼刺激性 ・皮膚感作性 ・特定標的臓器（単回ばく露） ・特定標的臓器（反復ばく露）	区分3 区分1 区分1 区分1 区分1 区分2
D	・急性毒性 ・発がん性 ・特定標的臓器（反復ばく露） ・生殖毒性	区分1, 2 区分2 区分1 区分1, 2
E	・生殖細胞変異原性 ・発がん性 ・呼吸器感作性	区分1, 2 区分1 区分1

有害性区分を利用する。マトリクス法では対比表（**表2.4**）を用いて、GHS健康有害性の各区分を有害性ランクA〜Eに変換をする。なおAが最も有害性レベルが低く、Eが最も有害性レベルが高い。この作業のみで有害性情報の処理は終了である。

(b) ばく露関連情報の収集とばく露レベルの設定

　マトリクス法に用いるばく露関連パラメータは「一日取扱量」「揮発性（液体の場合）・飛散性（粉じんの場合）」「換気設備の状態」「年間作業従事時間」を用いる。これらの情報の多くは職場にあり、職場担当者や実際に現場に赴いて情報を集めることができる。なお「揮発性・飛散性」についてはSDSで確認することも可能である。

　ばく露レベルの設定には2ステップあり、まず「一日取扱量」「揮発性（液体の場合）・飛散性（粉じんの場合）」「換気設備の状態」から「作業環境レベル」を**図2.18**のように評価する。ツールによっては「作業者の衣服や保護具の汚染状態」を評価に加えることもある。

point	A：1日の取扱量	B：揮発性・飛散性	C：換気
4			遠隔作業・完全密閉
3	大量 (トン・kL 単位)	高揮発性（沸点 < 50°C） 高飛散性（微細粉）	局所排気
2	中量 (kg・L 単位)	中揮発性（沸点 50 - 150°C未満） 高飛散性（粒状）	全体換気・屋外作業
1	少量 (g・ml 単位)	小揮発性（沸点 ≧ 150°C） 小飛散性（小球状）	換気なし

作業環境レベル＝A＋B－C

図 2.18 作業環境レベルの評価方法

次に、求めた「作業環境レベル」と「年間作業従事時間」とのマトリクスで「ばく露レベル」を決定する。年間作業時間は直接記録できていればそれを用いるが、特に交替勤務やシフト勤務などをしている場合は、月間作業時間の 12 倍、もしくは週間作業時間の 52 倍などで概算することも検討する。

(c) リスクアセスメント

(a) で求めた「有害性レベル」と (b) で求めた「ばく露レベル」とを掛け合わせ、リスクレベルを決定する。アセスメントの全体像を図 2.19 に示す。

なお、マトリクス法は上述のツールのほか、「業種別のリスクアセスメントシート」が「職場のあんぜんサイト」から公表されている。

2.3 その他のツールによる方法

健康有害性のリスクアセスメントの基本は「有害性の程度×ばく露の程度」による方法であるが、2.2 で記載した「①発生可能性×重篤度を考慮する方法」が職場で用いられていることがある（図 2.20）。職域では安全管理の分野でこの方法が浸透している事業場も多く、事業場内で慣れ親しんでいる既存の方法を化学物質のリスクアセスメントにも適用している場合などが該当する。化学物質のリスクアセスメントでは「有害性の程度×ばく露の程度」だけではなく「発生可能性×重篤度を考慮する方法」の要件を満たしていれば、使用するツールを問わないこととなっているため、こうした方法によるアセスメント結果に対する対処にも慣れておくことを勧めたい。

第2章 リスクアセスメントの実務を知る

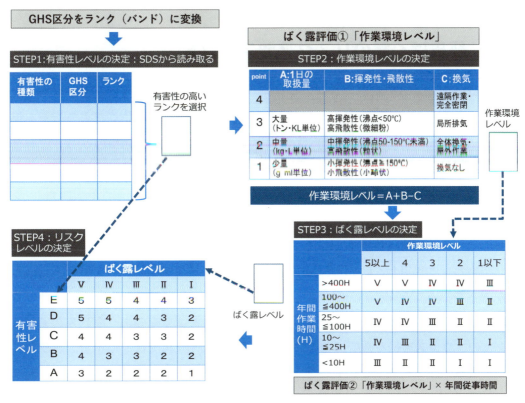

図 2.19　マトリクス法によるリスクアセスメントの全体像

1) 危険状態が発生する頻度

頻度	点数
頻繁	4
ときどき	2
めったにない	1

2) 危険状態によりケガに至る可能性

可能性	点数
確実である	6
可能性が高い	4
可能性がある	2
可能性がほとんどない	1

3) ケガの重大性

重大性	点数
致命傷	10
重症	6
軽傷	3
微傷	1

リスクレベルの評価基準

リスクレベル	リスクポイント	リスクの内容	リスク低減措置の進め方
IV	12〜20	安全衛生上重大な問題がある	ただちに中止または改善 リスク低減措置をただちに行う
III	8〜11	安全衛生上問題がある	低減措置を速やかに行う
II	5〜7	安全衛生上多少の問題がある	低減措置を計画的に行う
I	3〜4	安全衛生上の問題はほとんどない	費用対効果を考慮して低減措置を行う

頻度＋可能性＋重大性＝リスクポイント
4点＋6点＋10点＝20点

リスクレベルの決定
IV

図 2.20　作業安全で使用されるリスクアセスメントの例（数値化する方法）（中央労働災害防止協会 HP より、一部改変）

61

2.4　経皮ばく露のリスクアセスメント

　経皮ばく露による健康影響を起こす化学物質に対して、職業性ばく露限界値を設定する学会等機関は「ｓマーク」を付与するなど、皮膚障害を防ぐための指標を提案・勧告している。なお令和5年11月に厚生労働省は、GHS分類のうち「皮膚腐食性・刺激性」、「眼に対する重篤な損傷性・眼刺激性」及び「呼吸器感作性又は皮膚感作性」のいずれかで区分1に分類されているものを「皮膚刺激性有害物質」、皮膚から吸収され、もしくは皮膚に侵入して、健康障害を生ずるおそれがあることが明らかな化学物質を「皮膚吸収性有害物質（296物質）」として、両者を「皮膚等障害化学物質」と規定し、CREATE-SIMPLEでは該当する物質についてリスクレベルＳが表示される。なおこれらの物質については、リスト化された時点で保護具の着用によるばく露防止対策が義務付けられるため、吸入ばく露のようなリスクアセスメントのプロセスを経る必要はないが、CREATE-SIMPLEでは「使用量」及び「皮膚への接触面積・時間」を用いた推定モデルに基づく「推定経皮吸収量」を、「経皮ばく露限界値（＝ばく露限界値（吸入）×肺内保持係数（75％で設定）×呼吸量（10m³）で計算）」と比較をすることで、経皮吸収のリスクアセスメントをすることができる。

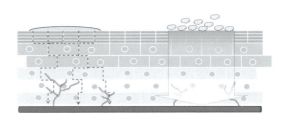

図 2.21　経皮吸収

2.5　化学物質の危険性のリスクアセスメント

　ここまで、主に職業性疾病の予防を目的に「化学物質の有害性のリスクアセスメント」を中心に記載をしてきたが、職場巡視をする産業医としては、爆発火災といった事故災害による労働者の負傷を防ぐために、化学物質の「危険性」への視点にも関心を持つことが望まれる。

　化学物質の情報伝達が「危険性・有害性情報」であることからも分かるように、伝達された「危険性」情報にもリスクアセスメントの方法が開発されている。簡易な手段としては**図 2.20**で示したような数値化法が、またCREATE-SIMPLEでも危険性のリスクアセスメントをする機能が装備されている。これらの基本となっているのは、リスクアセスメント指針に基づく「①発生可能性×重篤度を考慮する方法」

であり、SDS の情報を基に実施することが可能である。

　一方で、詳細な解析手法として、労働安全衛生総合研究所が構築した「プロセスプラントのプロセス災害防止のためのリスクアセスメント等の進め方」や厚生労働省の「化学プラントにかかるセーフティ・アセスメントに関する指針」などがある。前者は「STEP 1：取り扱い物質及びプロセスに係る危険源の把握」「STEP 2：リスクアセスメント等の実施（リスクアセスメントとリスク低減措置の検討）」「STEP 3：リスク低減措置の決定」というスキームで事故災害防止対策を進めるものである。特に、STEP 2 において「引き金事象（作業・操作（ヒト）や設備・機器（装置）の不具合、外部要因等）」により潜在していた危険が顕在化して不安全状態およびプロセス災害発生に至るシナリオを同定し、それぞれに必要なリスク低減措置をとることを求めている。後者は化学プラントの新設、変更等を行う場合に「第1段階：関係資料の収集・作成」「第2段階：定性的評価−診断項目による診断」「第3段階：定量的評価」「第4段階：プロセス安全性評価」「第5段階：安全対策の確認等」というスキームで安全なプラント設計を行うことでリスクの無効化を図るものである。

　職場におけるリスクアセスメントは、有害性よりも危険性のほうが先行して実施されていることも多いため、産業医は危険性の観点での職場の視点、特にリスクアセスメントに係る職場での管理スキーム等を理解することが望ましく、また安全管理の話題で安全担当者や現場作業者等と話ができることは、その他の産業医業務にも有用な影響をもたらすと考えられる。

第 3 章
リスクアセスメントの結果の解釈と対応

3.1　有害性のリスクアセスメントの結果とその解釈の基本

(1) リスクアセスメント結果の取扱い方

　第 2 章で述べたように、リスクアセスメントの結果を解釈する際には、「そのリスクを許容するかどうか」という判断が求められる。どのリスクレベルで許容するかについては、職場の設備や環境状況、設備投資の予算額などを考慮した総合的な判断であり、衛生委員会等での調査審議を経たうえで最終的には事業者の判断となるが、許容できないリスクがある場合には「リスク低減対策」および「ばく露を最小限度にするための対策」を図る必要がある。

(2) リスク低減対策

　リスクアセスメントの結果「リスクが許容できない」場合には、リスクレベルを許容できるレベルに低減するための対策が必要であり、これらを「リスク低減対策」と呼ぶ。

① 実測によるリスクアセスメント結果に対するリスク低減対策の検討

　実測値の評価基準である濃度基準値や職業性ばく露限界値は、「有害性」と「ばく露の程度」が加味された結果として設定または勧告されている。したがって、リスク低減対策としては、実測値がこの評価基準値を下回るために必要な工学的対策や、吸入濃度を最小限度にするための対策等を検討する。

　なお、濃度基準値等が設定されている物質であっても、必ずしも「実測による評価」をすることは求められてはいない。しかし、実測以外の方法でのリスクアセスメントの過程において、労働者が当該物質にばく露される程度が濃度基準値等を超えるおそれのある屋内作業を把握した場合は、呼吸域濃度および吸入濃度を精度よく評価する必要があるため、確認測定を含めた実測値での評価をする必要がある。

② 推定モデルによるリスクアセスメントに対するリスク低減対策の検討
　(a)「リスクアセスメントに用いた要因」の制御によるリスクの低減

　　リスクアセスメントではその過程が「可視化」されている。したがって、リスク低減対策の検討に際しては、まずはリスクアセスメントに用いた「有害性」または「ばく露」のパラメータを制御してリスクレベルの低減が可能かシミュレーションをすることが挙げられる。

　　シミュレーションの際には、それらの要因が実際に当該作業場で制御可能かどうかを考慮する必要があることから、当該作業場の従業員と協働でシミュレーションを行うと現実的な対策が選択できる。併せて、リスクに関する情報やその対策の意思決定を従業員と共有する効果も期待できる。

　(ア) 有害性の制御

　　「有害性の制御」には、使用する化学品を「より有害性の低い化学品」に代替する等の方法がある。

　(イ) ばく露の制御

　　ばく露の程度は様々なパラメータで評価され、リスクアセスメントツールによっても採用している項目に違いがある。例えばマトリクス法では「取扱量」「揮発性・飛散性」「換気状況」「作業時間」が用いられており、CREATE-SIMPLE ではそれらに加えて「スプレー作業の有無」「取扱い頻度」「作業中のばく露濃度の変動」などが追加されている。

　(b)「リスクアセスメントに用いた要因」以外の方法による制御

　　上記 (a) でリスクが十分に制御できない状況に対しては、リスクアセスメントに用いた要因「以外」でのばく露の低減を検討する。具体的には、呼吸用保護具の着用により吸入濃度を「最小限度」にすることなどが挙げられる。

(3) リスク低減対策と労働衛生の 3 管理

　こうしたリスク低減対策は、実は決して目新しいものではなく、従来の「労働衛生の 3 管理」として用いられているものが大半である（図 2.22）。なお、特別規則ではその手段が明確に示されていることに対して、リスクアセスメント対象物におけるリスク低減対策では、最終的に「ばく露の程度が最小限度になること」を目的としており、どの手段を用いるかは事業者の裁量で決めることができる。なお、実測によるリスクアセスメントに際しては、濃度基準値等に既に「有害性」と「ばく露

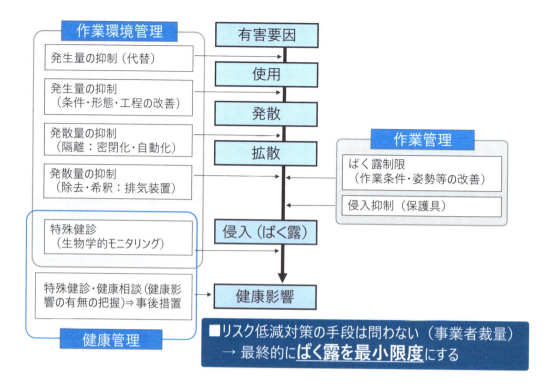

図 2.22　リスク低減対策

の程度」の考え方が反映されていることから、その値を超えて「リスクが許容できない」とされた場合には、同様に気中濃度の低減対策を検討する。

（4）リスクアセスメントツールを過信しない

　リスクアセスメントは様々なツールが開発・公開されているが、これらのツールによる結果を過信しないことに留意が必要である。すなわち「ツールに含まれていないばく露パラメータの存在」「作業場の有害要因ばく露の時間的変動」「有害性情報が不足しているため分類されていない GHS 分類区分」など情報には不確実性があること、また推定モデルによるツールの多くはアセスメント結果が安全側に評価されやすい傾向にあり、職場環境改善対策への過度な投資などの原因となることもある。こうした不確実性等を念頭に、リスクアセスメントの結果を解釈・活用することが望ましい。なお、実際の作業場や作業者をよく観察してアセスメント結果を見直すことはリスクアセスメントの精度向上の観点でも大切である。

3.2 健康有害性のリスクアセスメント結果の解釈

(1) 実測によるリスクアセスメント

① 個人ばく露測定結果の解釈と対応

　個人ばく露測定は、作業に従事する労働者の身体に装着する試料採取機器を用いて測定をするリスクアセスメントの方法である。「化学物質による健康障害防止のための濃度の基準の適用等に関する技術上の指針」では、その留意事項として「当該試料採取機器の採取口は、当該労働者の呼吸域における物質の濃度を測定するために最も適切な部位に装着しなければならない」とされている。濃度基準値が設定されている物質を製造または取り扱う屋内作業場においては「当該業務に従事する労働者がこれらの物にばく露される程度を濃度基準値以下としなければならない」とされたことから、個人ばく露測定の測定結果を濃度基準値と比較をすることでリスクアセスメントをすることとなる（図 2.23）。

　濃度基準値には八時間濃度基準値と短時間濃度基準値の2種類があるが、個人ばく露測定の際に必ずしも8時間または15分間の測定をしているわけではない。したがって、作業時間やその頻度等を考慮しつつ、測定結果を濃度基準値や職業性ばく露限界値と比較できるように解釈を加えて評価をする必要がある（図 2.24）。

酢酸ビニル
・八時間濃度基準値：10ppm
・短時間濃度基準値：15ppm

■条件
・作業中のばく露はほぼ一定と考えられる職場
・下記表中の「作業時間」以外のばく露はない

事業場	部門名	グループ名	チーム名	評価番号	被測定者	サンプリング日	対象物質	作業時間(分)	測定値	8時間時間加重平均	単位
○○事業場	□□部門	□■Gr	A	R5-001	甲	2023/10/1	酢酸ビニル	30	20	1.3	ppm
○○事業場	□□部門	□■Gr	A	R5-002	乙	2023/10/1	酢酸ビニル	30	20	1.3	ppm
○○事業場	□□部門	□■Gr	B	R5-003	丙	2023/10/1	酢酸ビニル	180	20	7.5	ppm
○○事業場	□□部門	■□Gr	C	R5-004	丁	2023/10/1	酢酸ビニル	180	30	11.3	ppm
○○事業場	□□部門	■□Gr	D	R5-005	戊	2023/10/1	酢酸ビニル	30	30	1.9	ppm
○○事業場	△△部門	△▲部門	E	R5-006	己	2023/10/4	酢酸ビニル	20	10	0.4	ppm
○○事業場	△△部門	△▲部門	E	R5-007	庚	2023/10/4	酢酸ビニル	20	10	0.4	ppm
○○事業場	△△部門	▲△部門	F	R5-008	辛	2023/10/4	酢酸ビニル	5	20	0.2	ppm

（注釈）
- 八時間濃度基準値を超えている
- 短時間濃度基準値を超えている
- コラム「個人ばく露測定の結果の解釈」参照

図 2.23　個人ばく露測定結果の解釈例

（参考）八時間時間加重平均値の計算方法

例1：8時間の濃度が 0.15mg/m³ の場合
八時間時間加重平均値
= (0.15mg/m³ × 8h) / 8h
= 0.15mg/m³

例2：7時間20分(7.33時間)の濃度が 0.12mg/m³ で、40分間(0.67時間)の濃度がゼロの場合
八時間時間加重平均値
= [(0.12mg/m³ × 7.33h) + (0mg/m³ × 0.67h)] / 8h
= 0.11mg/m³

例3：2時間の濃度が 0.1mg/m³ で、2時間の濃度が 0.21mg/m³ で、4時間の濃度がゼロの場合
八時間時間加重平均値
= [(0.1mg/m³ × 2h) + (0.21mg/m³ × 2h) + (0mg/m³ × 4h)] / 8h
= 0.078mg/m²

図 2.24　八時間時間加重平均値の計算方法（参考）

なお、日本産業衛生学会のガイドラインでは、測定結果に基づく管理区分（ばく露の区分）（1A～3）を提案しており、管理区分2以上ではリスク低減措置等のばく露低減対策を実施することとされている（**図 2.25**）。

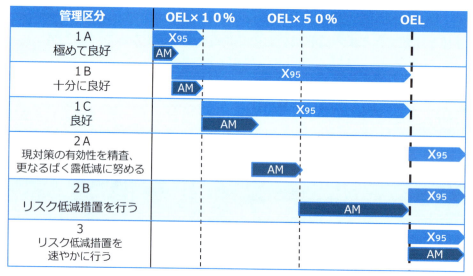

OEL：ばく露限界値
AM　：算術平均値
X_{95}　：対数正規分布の95%上限値

図 2.25　個人ばく露測定結果に基づく管理区分（労働政策審議会資料より）

◆個人ばく露測定の結果の解釈

図 2.23 に示した個人ばく露測定結果の解釈に際して、以下のような点に留意する。

ⅰ）八時間時間加重平均値の評価について

図 2.23 では「下記表中の作業時間以外のばく露はない」と限定したが、実際には測定時間以外に当該化学物質を使っている時間帯があったり、近傍の部署等での使用により間接的にばく露している場合などがある。したがって、当該作業での正確なばく露を評価するためにも、一度は 8 時間通した個人ばく露測定を行うことが推奨される。

ⅱ）短時間濃度基準値の評価

図 2.23 の「測定値」の太枠内は、そのまま 15 分時間平均値に換算をすると 15ppm 以下になるが、この作業時間中のばく露の時間的変化が分からない場合には、太枠内の測定値をそのまま短時間濃度基準値と比較することも検討される。なお、例えば、リアルタイムモニターと一緒に測定することで作業中のばく露の時間変化の概要が分かり「最大 15 分平均ばく露濃度」が評価できれば、その値を評価結果に使うことができる。

② 作業環境測定結果とその解釈

作業環境測定は、評価基準に基づき測定値を統計的に処理した評価値と測定対象物質の管理濃度とを比較して作業場の管理区分の決定を行うアセスメント手法である。A測定（等間隔に区切った交点で測定）およびB測定（発生源近傍での作業位置）に加え、令和 3 年よりC測定およびD測定（個人サンプリング法による作業環境測定）の実施ができるようになった。

測定結果は直接管理濃度と比較するのではなく、図 2.26 にある計算式にて「第 1 評価値」および「第 2 評価値」を算出し、その結果と管理濃度との比較を図 2.26 に示すマトリクスにより、「第 1 管理区分～第 3 管理区分」の 3 区分の評価を行う。これは、第 1 評価値以下であればその職場のほとんどでばく露が低い、という解釈である。すなわち、3 つの区分はその作業場の「リスクレベル」として取り扱うことができる。

各管理区分に基づく解釈およびその対応は図 2.27 の通りである。

$$logEA1 = \log M_1 + 1.645\sqrt{\log^2 \sigma_1 + 0.084}$$
$$logEA2 = \log M_1 + 1.151(\log^2 \sigma_1 + 0.084)$$

EA1（または*EC1*）第1評価値
M1 AまたはC測定の測定値の幾何平均値
σ1 AまたはC測定の測定値の幾何標準偏差
EA2（または*EC2*） 第2評価値

		AまたはC測定		
		第1評価値 <管理濃度	第2評価値 ≦管理濃度 ≦第1評価値	第2評価値 >管理濃度
BまたはD測定	B or D 測定値 <管理濃度	第1管理区分	第2管理区分	第3管理区分
	管理濃度 ≦ B or D 測定値 ≦管理濃度×1.5	第2管理区分	第2管理区分	第3管理区分
	B or D 測定値 >管理濃度×1.5	第3管理区分	第3管理区分	第3管理区分

図 2.26　作業環境測定結果の評価方法（同一の作業日についてのみ測定を行った場合）（厚生労働省「個人サンプリング法による作業環境測定及びその結果の評価に関するガイドライン」一部改変）

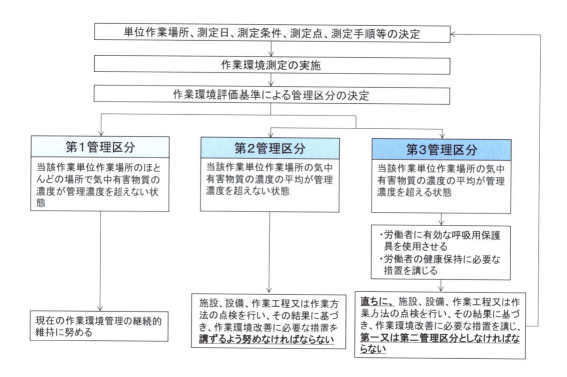

図 2.27　作業環境測定結果の評価（厚生労働省「労働政策審議会資料」より）

(2) 推定モデルによるリスクアセスメントの結果の解釈と対応

① 推定モデルによるアセスメントの留意点

(a) リスクレベルの違い

推定モデルによるリスクアセスメントでは「リスクレベル」としてアセスメント結果が示されるが、使用するツールによりデフォルトのリスクレベルの階層が異なることに注意が必要である。

すなわち、本書で紹介をしているマトリクス法のリスクレベルは5階層（Ⅰ〜Ⅴ）であるのに対して、CREATE-SIMPLE のリスクレベルは4階層（Ⅰ〜Ⅳ）、および3階層（Ⅰ〜Ⅲ）で設定されているものもある。また、マトリクス法におけるリスクアセスメントシートは必ずしもリスクレベルを5階層にする必要はなく、専門家等の助言に基づき階層の増減をする裁量は許容されている（**図 2.28**）。

したがって、同じ「リスクレベルⅢ」という結果であっても使用しているツールによりその意味は異なるため、衛生委員会等でリスクアセスメントの結果から助言等を求められることを想定して、あらかじめその事業場で使用しているリスクアセスメントツール、リスクレベルの設定方法およびリスクの許容レベルなどについて、その事業場のルールなどを確認したうえで衛生委員会等の場に臨まないと、解釈を誤る可能性があるので留意したい。

〈リスクカテゴリの設定数は一律ではない〉
CREATE-SIMPLE：4段階
マトリクス法の例：5段階（下図）

表の縦軸（HL）と横軸（EWL）の交点がリスクレベル（1〜5）
（マトリクス法の例）

		推定作業環境濃度レベル（EWL）				
		E	D	C	B	A
ハザードレベル（HL）	5	5	5	4	4	3
	4	5	4	4	3	2
	3	4	4	3	3	2
	2	4	3	3	2	2
	1	3	2	2	2	1

図 2.28　職場で使用しているリスクアセスメントツールを事前に把握する

(b) リスクの制御とその対策

リスクアセスメントの結果「リスクが許容できない」と判断された場合には、リスクを制御するための対策（リスク低減対策）の実施が必要となる。実測によるリスクアセスメントでは、呼吸域の濃度または吸入濃度を下げるための衛生工学的手法等を直接検討したが、推定モデルによるリスクアセスメントでは、3.1（2）の②で述べたようにリスクアセスメントの過程にある「有害性」と「ばく露の程度」が可視化されていることから、まずはアセスメントに用いた各パラメータを調整してリスクの低減の可能性をシミュレーションすることも検討される。これらのパラメータでの制御ができない場合や、制御をしてもリスクが低減しない場合などは、使用したパラメータ以外の衛生工学的手法により、ばく露を最小限度にする必要がある。

② CREATE-SIMPLE によるアセスメント結果の解釈と対応

(a) 有害性情報・ばく露情報の入力項目の確認

CREATE-SIMPLE では以下の手順でリスクアセスメントの結果が提示される（図 2.29）。

図 2.29（1）

図 2.29（2）

(b) リスク低減対策 1　アセスメントに用いたパラメータの制御

「STEP4　リスクの判定」にある「実施レポートに出力」ボタンをクリックすると、(a) の結果が「実施レポート」としてワークシートに出力されるので（図2.30）、これを基にワークシート上でリスク低減対策のシミュレーションをすることができる。

ここでの条件では「Q4 換気レベル」を「全体換気→囲い式局所排気装置」にすると、リスクレベルが低減されている（図 2.31）。

(c) リスク低減対策 2　アセスメントに用いたパラメータ以外の制御

CREATE-SIMPLE では、アセスメントの際には用いなかった「呼吸用保護具」によるリスク低減対策が「実施レポート」でオプションとして追加されている。すなわち、最初のアセスメントの段階では呼吸域濃度を評価しているが、リスク低減

第2部　新たな職場の化学物質管理と産業医の実務

リスクアセスメント実施レポート

- 説明 -
- リスクアセスメントシートで実施した結果が表示されます。
- このシートでリスク低減措置の内容を検討し、労働者に周知を行いましょう。

No　5
実施日　2025/2/5
実施者

[PDFに保存] [結果呼出] [入力内容クリア]

基本情報

タイトル	TEST
実施場所	事業場A
製品ID等	＊＊＊
製品名等	ジアセトンアルコール
作業内容等	溶剤
備考	

No	CAS RN	物質名	含有率[wt%]
1	123-42-2	ジアセトンアルコール	25

リスク低減対策の検討

※「リスク低減対策の検討」のQ1～Q15の選択肢を変更し、【再度リスクを判定】をクリックすることによって、リスク低減対策後の結果が表示されます。

[リスクの再判定]

→ 実施レポート上でシミュレーション

	設問	現状	対策後	リスク低減対策の検討
吸入	Q1. 取扱量	少量（100mL以上～1000mL未満）		少量（100mL以上～1000mL未満）
	Q2. スプレー作業の有無	いいえ		いいえ
	Q3. 塗布面積1m2超	いいえ		いいえ
	Q4. 換気レベル	換気レベルB（全体換気）		換気レベルB（全体換気）
	制御風速の確認			
	Q5. 作業時間	3時間超～4時間以下		3時間超～4時間以下
	Q6. 作業頻度	3日／週		週1回以上　3　日／週
	Q7. ばく露の変動の大きさ	ばく露濃度の変動が小さい作業		ばく露濃度の変動が小さい作業
	[オプション] 呼吸用保護具			
	フィットテストの方法			

備考（任意）

リスクの再判定結果

		ばく露限界値（管理目標濃度）			推定ばく露濃度			リスクレベル				
		吸入(8時間)	吸入(短時間)	経皮吸収	吸入(8時間)	吸入(短時間)	経皮吸収	吸入(8時間)	吸入(短時間)	経皮吸収	合計(吸入+経皮)	危険性(爆発・火災等)
1	123-42-2	ジアセトンアルコール						濃度基準値設定物質、リスクレベルS				
現状		20 ppm	60 ppm	-	1.5～15 ppm	60 ppm	-	Ⅱ-B	Ⅱ			
対策後												

図 2.30

リスク低減対策の検討

※「リスク低減対策の検討」のQ1～Q15の選択肢を変更し、【再度リスクを判定】をクリックすることによって、リスク低減対策後の結果が表示されます。

全体換気→囲い式局所排気装置に変更　　**リスクの再判定**

[リスクの再判定]

	設問	現状	対策後	リスク低減対策の検討
吸入	Q1. 取扱量	少量（100mL以上～1000mL未満）	少量（100mL以上～1000mL未満）	少量（100mL以上～1000mL未満）
	Q2. スプレー作業の有無	いいえ	いいえ	いいえ
	Q3. 塗布面積1m2超	いいえ	いいえ	いいえ
	Q4. 換気レベル	換気レベルB（全体換気）	換気レベルE（囲い式局所排気装置）	**換気レベルE（囲い式局所排気装置）**
	制御風速の確認			
	Q5. 作業時間	3時間超～4時間以下	3時間超～4時間以下	3時間超～4時間以下
	Q6. 作業頻度	3日／週	3日／週	週1回以上　3　日／週
	Q7. ばく露の変動の大きさ	ばく露濃度の変動が小さい作業	ばく露濃度の変動が小さい作業	ばく露濃度の変動が小さい作業
	[オプション] 呼吸用保護具			
	フィットテストの方法			

備考（任意）

リスクの再判定結果

リスクレベルがⅡ→Ⅰになった

		ばく露限界値（管理目標濃度）			推定ばく露濃度			リスクレベル				
		吸入(8時間)	吸入(短時間)	経皮吸収	吸入(8時間)	吸入(短時間)	経皮吸収	吸入(8時間)	吸入(短時間)	経皮吸収	合計(吸入+経皮)	危険性(爆発・火災等)
1	123-42-2	ジアセトンアルコール						濃度基準値設定物質、リスクレベルS				
現状	20 ppm	60 ppm	-	1.5～15 ppm	60 ppm	-	Ⅱ-B	Ⅱ	-	-	-
対策後	20 ppm	60 ppm	-	0.05～0.5 ppm	2 ppm	-	Ⅰ	Ⅰ	-	-	-

図 2.31

対策検討の際には呼吸用保護具の使用による「吸入濃度」の評価ができる仕様になっており、呼吸用保護具の種類およびフィットテストの有無等の条件を追加することで、吸入濃度のリスクレベルをシミュレーションすることができる。

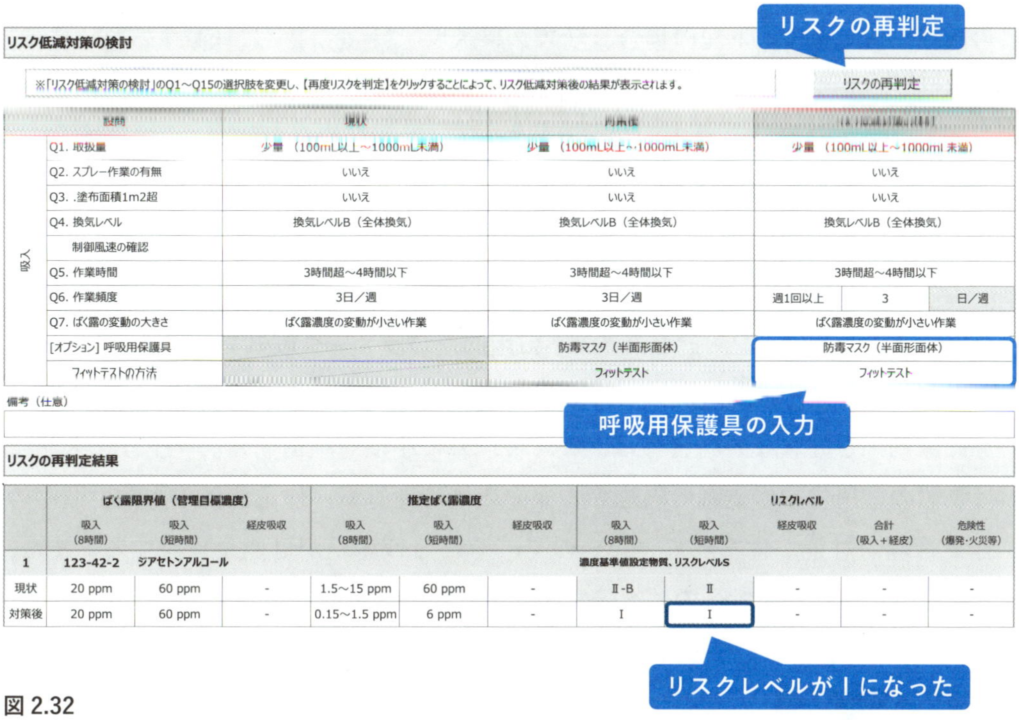

図 2.32

③ マトリクス法によるアセスメント結果の解釈と対応

第 2 章で紹介したアセスメントの手順に基づき、**図 2.34** のマトリクスによるアセスメントの結果は、**図 2.33** のように記録される。

なお、マトリクス法は比較的簡易な方法である一方、ばく露等にかかる定量的な評価をしていないことから、実際のばく露量がばく露限界値や管理目標濃度未満になっていることを確認することができない。したがって、リスク低減対策における

図 2.33　リスクアセスメント結果の記録（マトリクス法）

定量的な評価ができないというデメリットがある点には留意が必要である。

(a) リスク低減対策1　アセスメントに用いたパラメータの制御

　アセスメントに用いたマトリクスを基に、用いたパラメータの制御によるリスクの低減を検討する。下記の場合、リスクレベル「3」を「2」に低減するためには、有害性レベルをC→Bに下げる（図2.34 左上）、またはばく露レベルをⅢ→Ⅱに下げる（図2.34 右上）ことが検討される。

　ばく露レベルを低減する際には、さらに下位尺度である「年間作業時間」または「作業環境レベル」をそれぞれ制御すること（図2.34 左下）を検討する。

(b) リスク低減対策2　アセスメントに用いたパラメータ以外での制御

　上記のパラメータでの制御を作業場の担当者や従業員等と検討し、十分なリスク低減効果を図れない場合等は、これら以外の手段を検討する。マトリクス法には装置の密閉化や作業者の隔離等の作業環境管理対策、作業位置や作業手順等の作業管理的対策が含まれていないので、それらの実施が可能か検討する。また、保護具等による作業者へのばく露の低減対策も検討する。

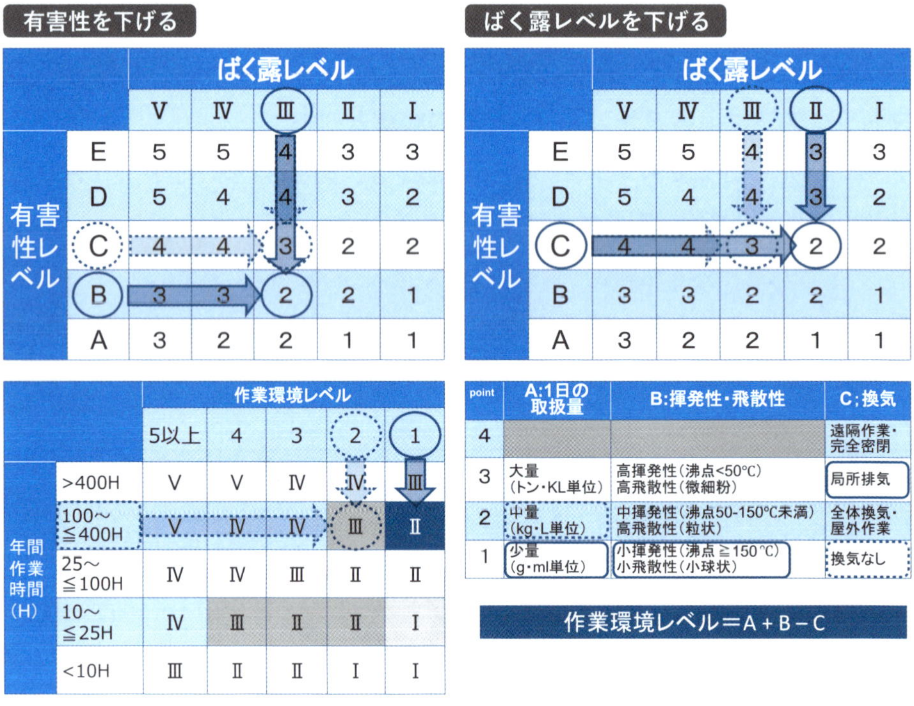

図2.34　マトリクス法によるアセスメント結果の解釈と対応

(3) 混合物のリスクアセスメント

　これまでに紹介したリスクアセスメントツールは、基本的には化学物質単体でアセスメントすることを前提としている。しかし、化学品の多くは混合物であることから、混合物である化学品を用いる作業におけるリスクアセスメントをする際には、その方法や結果の解釈は一律ではないことに留意する必要がある。例えば、当該化学品のSDSに記載されている有害性情報が「混合物による有害性試験」に基づく内容であるなど、SDSに記載されている有害性情報を直接使用することができる場合もあれば、SDS第3項に記載された「成分」ごとの有害性情報を収集してそれぞれのリスクアセスメントを実施し、その結果を比較しながら「リスクの許容」の是非やリスク低減対策を検討する場合もある。

　また、混合物に含まれる複数の化学物質が、同一の毒性作用機序によって同一の標的臓器に作用する場合、それらの物質の相互作用によって、相加効果や相乗効果により毒性が増大するおそれがある。しかし、複数の化学物質による相互作用は、個別の化学物質の組み合わせに依存し、かつ、相互作用も様々である。これを踏まえ、混合物への濃度基準値の適用においては、混合物に含まれる複数の化学物質が、同一の毒性作用機序によって同一の標的臓器に作用することが明らかな場合には、それら物質による相互作用を考慮すべきであるため、相加式を活用してばく露管理を行うことが努力義務とされている（図 2.35）。

混合物の濃度基準値への適用
　有害性の種類及び当該有害性が影響を及ぼす臓器が同一であるものを2種類以上含有する混合物の八時間濃度基準値については、次の式により計算して得た値が1を超えないようにすることとされている。なお、この規定は短時間濃度基準値についても準用される。

$$C_1/L_1 + C_2/L_2 + \cdots + C_n/L_n \leqq 1$$

※ここで、$C_1, C_2, \cdots, C_n$ は、それぞれ物質 1, 2, ⋯, n のばく露濃度であり、$L_1, L_2, \cdots, L_n$ は、それぞれ物質 1, 2, ⋯, n の濃度基準値である。

図 2.35　混合物の濃度基準値への適用（厚生労働省「化学物質による健康障害防止のための濃度の基準の適用等に関する技術上の指針」より）

第4章

化学物質管理における産業医の役割

4.1　職場の化学物質管理における産業医との接点

　「情報伝達」と「リスクアセスメント」を基軸にした職場の化学物質管理において、その直接的な担い手として期待されているのは「化学物質管理者」であり、リスクアセスメントの実務や管理において、産業医が直接携わることは基本的には想定されていない。

　しかしながら、職場のリスクアセスメントは多面的な視点で行う必要があり、特に健康障害の発生リスクを評価するためには、医療職の観点が必要である。本章では、職場の化学物質管理の精度向上に資するための産業医・産業保健職の接点と役割について言及する。

4.2　職場巡視における化学物質管理の視点

　職場巡視は、職場に潜在する健康障害要因を見出すことや労働衛生・産業保健の管理が適切に実施されていることを確認する機会である。産業医には月に1回以上の職場巡視をする権限が与えられており、また事業場のすべての場所を巡視することができる立場である。職場の化学物質管理についていえば、リスクの評価要因である「有害性の程度」および「ばく露の程度」を医療職の視点で確認し、また助言指導をしたリスク低減対策等が適切に実施されていることを確認することで、化学物質管理の精度向上に寄与することができる。

（1）気づかれていない有害性の把握

　有害性の把握は化学物質管理者により実施されるものであるが、それが適切に把握されていない場合がある。例えば、作業工程や取扱量等が変更されるなど、リスクアセスメントの再実施が必要な「変更管理」の情報が化学物質管理者に伝わっていない場合などが挙げられる。産業医は職場巡視を通して、それまでの巡視とは異

なる作業工程がある場合や、職場に置かれている化学品の種類や量の変化などに気づいたときには、リスクアセスメントが適切に再実施されているかどうかを、職場担当者や化学物質管理者に確認をする。

なお、職場巡視の際に化学品の危険性・有害性に気づくためには、化学品に表示されているラベルが読める必要がある。現場の労働者がラベルに書かれている危険有害性情報をよく理解しているか、リスク低減のために「注意書き」に従った行動がされているか、を職場巡視の際にチェックする役割も期待される。なお、巡視の際にはGHS絵表示の9種類のうち少なくとも健康有害性にかかる4種類の存在には気が付けるようにしたい（**図2.3** 参照）。

（2）気づかれていないばく露の把握

ばく露の評価に際しては、その化学品を使用している作業者およびその業務が対象となるが、職場の状況によっては当該作業に従事している作業者以外がその化学品にばく露されている場合がある（**図2.36**）。また、保護具の選択や着用が適切に使用されていない状況も見られる（**図2.37**）。

このように、職場を直接観察しないと把握ができないばく露要因について、リスクアセスメントやその結果を評価する際に考慮する必要がある。

図2.36 作業者以外の者のばく露（厚生労働省「職場のあんぜんサイト」より）

図2.37 不適切な保護具の選択と着用（厚生労働省「職場のあんぜんサイト」より）

(3) リスク低減対策の実施状況の確認

　職場巡視は、上記のように職場のリスク要因を見極めることと併せて、リスク低減対策が適切に実施されていることを確認する機会でもある。例えば、局所排気装置などの衛生工学機器が適切に管理・稼働をしているか、保護具の着用が必要な作業の場合においては適切な「保護具の選択」および「着用指導に基づく装着」がされているか、などが確認ポイントとなる。

　これらが適切に実施されていない場合には、吸入濃度が適切に制御されていない可能性や経皮吸収の可能性があり、リスクアセスメントの再実施やリスクアセスメント対象物健康診断の実施の要否にかかる判断に際して必要な情報となる。

4.3　衛生委員会での対応

　化学物質管理に係る衛生委員会の付議事項として、新たに以下の内容が追加された。
① 　労働者が化学物質にばく露される程度を最小限度にするために講ずる措置に関すること
② 　濃度基準値の設定物質について、労働者がばく露される程度を濃度基準値以下とするために講ずる措置に関すること
③ 　リスクアセスメントの結果に基づき事業者が自ら選択して講ずるばく露防止措置の一環として実施した健康診断の結果とその結果に基づき講ずる措置に関すること
④ 　濃度基準値設定物質について、労働者が濃度基準値を超えてばく露したおそれがあるときに実施した健康診断の結果とその結果に基づき講ずる措置に関すること

　上記①および②はリスク低減対策に係る内容であり、同③および④はリスクアセスメント対象物健康診断に係る内容である。

(1) リスク低減対策の助言指導

　衛生委員会で調査審議事項として議題に挙がる内容は、リスクアセスメントの結果の報告およびそれに基づく「リスクの許容」の諾否や具体的なリスク低減対策の実施内容などである。「リスクの許容」の諾否およびリスク低減対策の実施内容は事業者にその裁量が委ねられていることから、産業医が直接その判断を下すという場

面はないが、職場をよく知る産業医としてリスク低減対策の助言指導を求められる場合があるので、例えば以下のような準備をしておきたい。

① 当該作業場のリスクアセスメントの結果の事前把握
② 当該作業場での職場巡視等で収集した職場情報のうち、報告されるリスクアセスメント結果に補完が必要な有害性やばく露の可能性
③ 他の作業場で実施している効果的なリスク低減対策等の情報収集

また上記①において、リスクアセスメントツールは事業場や作業場ごとに異なるものを使用している場合もあり、ツールの違いにより評価方法が異なる場合もある。したがって、その事業場や作業場が使用しているツールを事前に把握しておかないとアセスメント結果を誤認する可能性もあるので、注意が必要である。

(2) リスクアセスメント対象物健康診断の実施の要否およびその方法に係る助言指導

リスクアセスメント対象物のうち、吸入ばく露によるリスクを評価するうえで濃度基準値が設定されている物質については、「それを超えてばく露をしたおそれがある」場合には安衛則第577条の2第4項の健康診断を実施することとされている。一方、濃度基準値が設定されていない物質については、関係労働者の意見を聴取したうえで、安衛則第577条の2第3項に基づく健康診断の「実施の要否」を事業者が判断することとされている。

この際に産業医等がまず行うべきことは、労働者の健康障害発生リスクが許容できる範囲を超えるか否かを産業医等の視点で再確認・評価することである。すなわち、リスクアセスメントの結果と併せて、衛生工学機器の稼働状況や作業者の保護具の着用状況、作業の強度等といった「考慮すべき事項」を総合的に勘案し、吸入濃度が適切に制御されているかどうかを評価する。「吸入濃度が十分にコントロールされ最小限度となっている」と判断できる場合には「健康障害発生リスクは許容できる範囲内」と考えられ、リスクアセスメント対象物健康診断は不要と助言する。逆に「吸入濃度のコントロールが不十分で健康障害発生リスクが許容できる範囲を超えている」と判断される場合には、リスクアセスメント対象物健康診断が必要と助言をする。

なお、多くの労働者のばく露が健康障害発生リスクの許容範囲を超えているようであれば、人道的観点からも例えば操業を停止して工学的対策を行う等について、産業医からの指導・助言、場合によっては勧告権を行使して対応する必要があるこ

とに留意する。

　このように、リスクアセスメント対象物健康診断の実施の要否の判断においては、リスクアセスメントの結果のみで判断せずに、上述のような総合的な観点から「健康障害発生リスク」を判断する必要がある。なお、リスクアセスメント対象物健康診断の技術的な手順等は第5章で詳述する。

4.4　リスクコミュニケーションにおける産業医の支援

　作業で用いられる化学品の危険性・有害性は、化学物質管理者に留まらず事業者や労働者にも適切に伝達をされる必要がある。また、そのリスクアセスメントの結果およびリスク低減対策についてもその状況を共有することが望ましく、社内でのリスクコミュニケーションは全社員が安心して業務を遂行するためにも重要な手段である。なお、事業者は安衛則第34条の2の8に基づき、以下の内容について労働者に周知をすることとされている。

① 　当該リスクアセスメント対象物の名称
② 　当該業務の内容
③ 　当該リスクアセスメントの結果
④ 　当該リスクアセスメントの結果に基づき事業者が講ずる労働者の危険又は健康障害を防止するために必要な措置の内容

　これらの周知の方法としては、当該リスクアセスメント対象物を製造または取り扱う作業場の見やすい場所に掲示または備え付ける、当該書面を労働者に交付する、などの方法が示されている。

　産業医には、こうしたリスクコミュニケーションのうち、SDSに記載されている健康有害性にかかる医学的な解釈の説明についての助言をすることが期待される。また、職場巡視の際に職場への周知が適切に実施されていることを確認する。

4.5　労働者側のリスク要因の考慮

　健康障害発生リスクの評価に際して、職場のリスクアセスメント結果と併せて作業者個人が有するリスク要因のうち医療職として知り得るものについては、適正配置の実施等を含めた考慮と対策が必要である。

　例えば、職場で使用する化学品の成分に既に感作されている場合には、リスクア

セスメント結果にかかわらず当該化学品の取扱いを避ける等のばく露防止対策を実施する必要がある。

4.6　事業場におけるがんの発生の把握の強化

　安衛則第97条の2では、「化学物質を製造し、又は取り扱う同一事業場において、1年以内に複数の労働者が同種のがん（発生部位等医学的に同じものと考えられるがんをいう）に罹患したことを把握したときは、医師に当該がんへの罹患が業務に起因する可能性についての意見を聴き、医師が、当該罹患が業務に起因するものと疑われると判断した場合は、遅滞なく、当該労働者の従事業務の内容等について、所轄都道府県労働局長に報告しなければならない」と新たに規定された（図1.19）。本規定は「化学物質のばく露に起因するがんを早期に把握した事業場におけるがんの再発防止のみならず、国内の同様の作業を行う事業場における化学物質によるがんの予防を行うことを目的として規定した」とされており、その有害性の既知・未知にかかわらず、化学物質等のばく露の可能性があることを念頭に、その対応を図ることの必要性が示されたものと言える。

　なお、改正法令の施行通達では、以下の二点について留意することが示されている。

(1)「同種のがんに罹患したことを把握したとき」の解釈

　この場合の「把握」とは、労働者の自発的な申告や休職手続等で職務上、事業者が知り得る場合に限るとされている。すなわち、本規定を根拠として、労働者本人の同意なく、本規定に関係する労働者の個人情報を収集することを求める趣旨ではないことに留意する必要があり、そのことを職場関係者にも理解してもらう必要がある。なお、集積性を評価するという観点からは可能であればがん罹患の情報について広く事業者が把握できることが望ましく、例えば衛生委員会等においてこれらの把握の方法をあらかじめ定めておくことが望ましい、とされている。

(2)「罹患が業務に起因するものと疑われると判断」の解釈

　施行通達では「その時点では明確な因果関係が解明されていないため確実なエビデンスがなくとも、同種の作業を行っていた場合や、別の作業であっても同一の化学物質にばく露した可能性がある場合等、化学物質に起因することが否定できないと判断されれば対象とすべきであること」とされている。疾病の業務上外を判断す

る際に、その因果関係を担保するのは「時間関係性」および「医学的妥当性」がともに立証されることであるが、本項目では職場で「集積発生」が見られたがんについて、前者の「時間関係性」が確からしい場合には医学的妥当性にかかるエビデンスが十分ではない場合であってもその因果関係を疑い、監督官庁に報告することを求めているといえる。

なお、リスクアセスメント対象物健康診断の結果として上記条件に該当する結果が見られた場合にも、その対応が必要になると考えられる。

4.7 応急措置対応

職場での大量漏えいなどの事故・災害が発生した場合には、その化学品による被害を最小限にとどめるための応急措置が必要になる場合がある。なお、重篤な場合は医療機関へ搬送をして医療処置を受ける必要がある。

応急措置対応は従来とその考え方は変わるものではないが、例えばフッ化水素酸のように化学品によっては固有の対応が必要になる場合もあることから、対象となるリスクアセスメント対象物の有害性に応じた措置ができるように、事前の調査や対応マニュアル等を作成することが推奨される。

ばく露経路により類型化した応急措置の例を以下に記載する。

(1) 経気道ばく露

ガス、蒸気、ヒュームまたは粉じんなどを吸入した場合であり、原則的には汚染のない空気環境の場所に移して、呼吸をしやすい姿勢で休息をさせ、医師の診断および手当を受けさせる。なお刺激性・腐食性の強い物質を吸入した場合や、呼吸器感作性のある物質でその症状が見られた場合には直ちに医療機関での救急処置が必要である。

(2) 皮膚や眼への接触によるばく露

液体の被液やガス、蒸気などが皮膚に付着・接触をした場合であり、直ちに汚染部を多量の水または洗浄液等で洗浄する必要がある。なお刺激性・腐食性の強い物質と接触をした場合や、皮膚感作性のある物質で皮疹等の症状が見られた場合には直ちに医療機関での救急処置が必要である。なお、酸などの被液による皮膚障害は化学熱傷と呼ばれ、その重症度は熱による熱傷と同等に取り扱われる。したがって、

被液皮膚面積を過小評価せずに、速やかに医療機関へ搬送する必要がある。

(3) 経消化管ばく露

職域では頻度の少ないばく露形態であるが、ペットボトルなどを小分け容器として使用している場合の誤飲などにより発生した事例がある。その対応として、口腔内の洗浄のほか、医療機関に搬送しての医療処置をする必要がある場合が多い。なお、刺激性・腐食性が強い物質を誤飲した場合は、催吐処置を行うと逆流した際に消化管および呼吸器系の粘膜上皮の侵襲が拡大することから、催吐はせずに医療処置を受けさせる必要がある。

第5章

リスクアセスメント対象物健康診断

5.1 有害業務の健康診断について

　化学物質をはじめ、有害業務作業における労働衛生の3管理では「健康管理」として労働者の健康影響等を把握し、その予防および重篤化の防止を図ることが求められている。その手段の一つとして、健康診断の手法を用いた健康影響モニタリングがあり、特別規則で定められているものは一般的に「特殊健康診断」と呼ばれている。

　化学物質の健康診断では、特殊健康診断に加えて令和6年4月施行の改正法令で新たに「リスクアセスメント対象物健康診断」が安衛則第577条の2に定められ、リスクアセスメントの結果に応じて必要と判断された場合には健康診断を実施することが義務付けられた（図2.38）。

　本章では、特殊健康診断とリスクアセスメント対象物健康診断との違い、およびリスクアセスメント対象物健康診断の技術的な対応手段等について解説する。なお、

■法令による健診
- じん肺法
- 有機溶剤中毒予防規則
- 特定化学物質障害予防規則
- 鉛中毒予防規則
- 四アルキル鉛中毒予防規則
- 石綿障害予防規則
- 電離放射線障害防止規則
  （除染電離則を含む）
- 高気圧作業安全衛生規則
- 歯科医師による健康診断（安衛則）
- 健康管理手帳による健康診断
  （安衛則）
- **リスクアセスメント対象物健康診断**
  （安衛則）

■指導勧奨による健診の例
〈物理的要因〉
- 騒音作業
- 振動工具取扱作業
- 紫外線・赤外線取扱作業
- レーザー機器取扱作業
- 超音波溶着機取扱作業　など

〈化学的要因〉
- メチレンジイソシアネート
- 有機リン剤
- フェニル水銀化合物　など

〈人間工学的要因〉
- 腰痛作業
- 情報機器取扱作業　など

図2.38　特殊健康診断の法規

令和5年10月17日に「リスクアセスメント対象物健康診断に関するガイドライン（以下、「ガイドライン」という。）」（巻末資料1-2）が、また令和6年3月には「化学物質の自律的な管理における健康診断に関する検討報告書（追補版）」としてガイダンス（巻末資料1-3）が、厚生労働省より公表されている。

- リスクアセスメント対象物健康診断に関するガイドライン（令和5年10月17日公表）
 https://www.mhlw.go.jp/content/11300000/001161296.pdf
- 化学物質の自律的な管理における健康診断に関する検討報告書（追補版）
 https://www.mhlw.go.jp/content/11300000/001223418.pdf

5.2　特殊健康診断とリスクアセスメント対象物健康診断

(1) 健康診断の基本構成

健康診断は二次予防対策であり、ばく露による健康影響の早期発見により重篤化を防ぐことを目的としているという点では、特殊健康診断とリスクアセスメント対象物健康診断の両者に相違はない。したがって、どちらの健康診断もその基本構造は同じであり、現行の特殊健康診断における考え方を参

1) 業務歴の調査
2) 作業条件の簡易な調査（令和2年より全物質が対象）
3) 作業条件の調査（二次健診のみ）
4) 当該有害要因による**健康影響**・ばく露の既往
5) 当該有害要因による**自他覚症状**の有無
6) **早期健康影響**指標に関する臨床検査
7) 生物学的ばく露モニタリング（一部の物質）
8) **標的健康影響**に関する臨床検査

図 2.39　健康診断項目の基本構成（太字は健康影響の評価、下線はばく露の評価）

考としつつ、スクリーニングとして実施する（一次）検査と、確定診断等のための（二次）検査との目的の違いを認識し、リスクアセスメント対象物健康診断としてはスクリーニングとして必要と考えられる検査項目をまずは実施する。

　その健康診断項目は大きく「健康影響を評価する項目」「ばく露の程度を評価する項目」に分けることができる（図 2.39）。このうち、「健康影響を評価する項目」は、当該有害要因により惹起される健康影響（標的健康影響）の自他覚症状および臨床検査によるスクリーニング検査として構成されており、特に臨床検査項目においては標的健康影響のスクリーニングとして医学的妥当性のある項目が選択されるほか、より早期に発生する健康影響（早期健康影響）に係る検査項目を設定することで早期発見を促すという意味も持つ。その例として、鉛中毒予防規則の健康診断項目を例示する（図 2.40、図 2.41）。

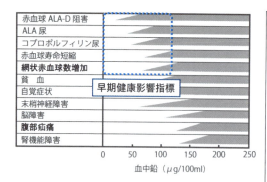

図 2.40 血中鉛濃度と健康影響発現時期との関係（労働省労働衛生課監修「鉛健康診断のすすめ方」一部改訂）

図 2.41 鉛則の健康診断項目（太字は健康影響指標、下線はばく露評価指標）

（2）特殊健康診断とリスクアセスメント対象物健康診断との違い

両者の大きな違いは、前者はその実施が法令で一律に義務付けられているが、後者はその実施に条件が附せられており（5.3 の（1）参照）、すなわち「労働者の健康障害発生リスク」により実施の要否を判断する必要がある（**表 2.5**）。

なお、安衛法第 66 条第 5 項で労働者に受診義務を課している特殊健康診断と異なり、リスクアセスメント対象物健康診断は、事業者にはその実施に義務があるものの、労働者は必ずしも受診をする義務が課されていないため、労働者に受診を強制

表 2.5 化学物質の健康診断

	特殊健康診断	リスクアセスメント対象物健康診断
法規	・じん肺法 ・特別規則（有機則、特化則、鉛則、四アルキル鉛則、石綿則） ・行政通達	労働安全衛生規則
対象化学物質	法規で規定	リスクアセスメント対象物
対象者の選定方法	作業列挙方式	・濃度基準値を超えてばく露したおそれがある者（第 4 項健診） ・リスクアセスメントの結果に基づき、健康診断が必要と事業者が判断をした者（第 3 項健診）
実施の頻度	6 か月以内ごとに 1 回 （条件により緩和措置あり）	6 か月～3 年以内ごとに 1 回を推奨
健康診断項目	法規で規定	医師または歯科医師が必要と認めた項目
事後措置	作業管理・作業環境管理 必要に応じて配置転換	リスク低減対策 必要に応じて配置転換

することはできない。しかし、健康障害発生リスクが許容できないことを前提としていることからも、必要な労働者はリスクアセスメント対象物健康診断を受診することが望ましいことから、事業者が関係労働者に対してあらかじめその旨説明しておくように、産業保健職として助言指導をすることが望まれる。

5.3 リスクアセスメント対象物健康診断の実務

(1) 種類

リスクアセスメント対象物には、安衛則第577条の2の第3項および第4項で、それぞれ異なる条件による健康診断の実施が規定されている。なお、令和5年10月に厚生労働省より発出されたガイドラインではそれぞれ「第3項健診」「第4項健診」と呼称されている。

① 第3項健診

第3項健診は、リスクアセスメント対象物によるリスクアセスメントの結果に基づき、関係労働者の意見を聴き、必要があると認めるときに実施するものである。なおこの際、リスクアセスメントの結果を基に、後述する「健康障害発生リスク」を検討する必要がある。

② 第4項健診

第4項健診は、濃度基準値があるリスクアセスメント対象物について、「濃度基準値を超えてばく露したおそれ」がある労働者に対してその健康影響を確認するために「速やかに」実施するものである。

なお、濃度基準値が検討中である場合については、濃度基準値が設定されるまでの間は、当該物質の職業性ばく露限界値等を参考にリスクアセスメントを実施することが推奨されている。

(2) 健康診断実施の要否の判断

リスクアセスメント結果に基づく健康診断実施の要否のスキームを図2.42に示す。どちらにも共通しているのは、「健康障害発生リスク」の評価にあたっては「呼吸域濃度」ではなく「吸入濃度」で判断をする、という考え方である。呼吸域の濃度がリスクを許容できない状況であっても、適切なリスク低減対策をして「吸入濃度」

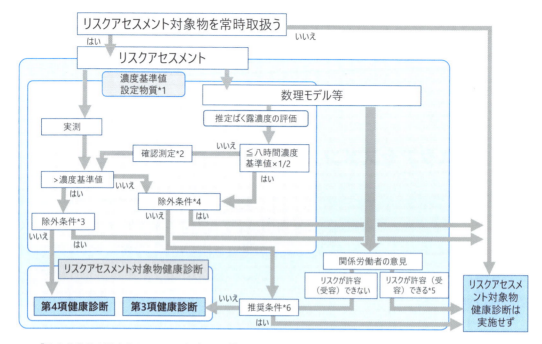

*1 「濃度基準値が設定されていない場合」で「職業性ばく露限界値」がある場合は準用
*2 最大ばく露労働者（ばく露の程度が最も高いと想定される均等ばく露作業における、最も高いばく露を受ける労働者）に実施（当該作業ごとに実施することが望ましい）
*3 「工学的措置又は保護具を適正に使用（吸入濃度は基準値以下）」
*4 「呼吸域の濃度が短時間ばく露での技術指針の基準に関する努力義務の濃度基準（または職業性ばく露限界値）を満たしている」
*5 「工学的措置又は保護具によるばく露低減措置は不要」と判断される場合
*6 「工学的措置又は保護具を適正に使用（吸入濃度は基準値以下等）」
※本チャートは概要であり、詳細はガイドライン等を参照のこと

図2.42 リスクアセスメント対象物健康診断の対象者選定フローチャート

が許容できる濃度に制御されていた場合には、健康診断の実施を必ずしも必要としない。以下、第3項健診および第4項健診の要否の判断におけるポイントを紹介する。なお、要否どちらの判断になったとしても、その判断根拠は記録に残しておくことが望ましい。

① 第3項健診の要否の判断のポイント

　第3項健診実施の要否の判断は事業者裁量であり、当該作業のリスクアセスメントの結果に基づき衛生委員会等で関係労働者の意見を聴取したうえで「リスクが許容できない」と判断された場合に、「健康障害発生リスク」を勘案して健康診断の実施の要否を判断する必要がある。労働者の健康障害発生リスクを事業者が判断する際に必要な情報として、ガイドラインでは**表2.6**の内容を勘案することを推奨して

表 2.6　第 3 項健診の要否の勘案事項

① 当該化学物質の有害性及びその程度[*1]
② ばく露の程度（呼吸用保護具を使用していない場合は労働者が呼吸する空気中の化学物質の濃度（以下「呼吸域の濃度」という。）、呼吸用保護具を使用している場合は、呼吸用保護具の内側の濃度（呼吸域の濃度を呼吸用保護具の指定防護係数で除したもの）で表される。以下同じ。）や取扱量[*1]
③ 労働者のばく露履歴（作業期間、作業頻度、作業（ばく露）時間）[*1]
④ 作業の負荷の程度[*1]
⑤ 工学的措置（局所排気装置等）の実施状況（正常に稼働しているか等）[*1]
⑥ 呼吸用保護具の使用状況（要求防護係数による選択状況、定期的なフィットテストの実施状況）[*2]
⑦ 取扱方法（皮膚等障害化学物質等（皮膚若しくは眼に障害を与えるおそれ又は皮膚から吸収され、もしくは皮膚に侵入して、健康障害を生ずるおそれがあることが明らかな化学物質をいう。）を取り扱う場合、不浸透性の保護具の使用状況、直接接触するおそれの有無や頻度）[*2]

[*1] 情報源は化学物質管理者
[*2] 情報源は保護具着用管理責任者

いる。例えば、リスクアセスメントの結果が「許容できないリスクレベル」であっても、表中⑥の呼吸用保護具が適切に使用されて吸入濃度が「許容できるリスクレベル」であれば、健康診断の実施を必ずしも必要とはしない（**図 2.43**）。ただし、呼吸用保護具を適切に使用するためにはトレーニングが必要であり、また作業環境管理などの本質的な対策よりもその優先順位は低いものであることから、呼吸用保護具の使用を恒久的な対策として取り扱うことはできる限り避けるべきである。

逆に、表中④のように「作業者の負荷が高い＝呼吸量が多い」場合や、表中⑤⑥のように「局所排気装置や呼吸用保護具などのリスク低減対策が十分に機能をしていない」と判断される場合など吸入濃度が「許容できないレベル」と判断される場合も考えられ、リスクアセスメント対象物健康診断を実施するという判断に至る場合がある。なおこの場合は、リスクアセスメントの再実施の必要性を職場に提言することも併せて必要である。

なお、表中⑦に例

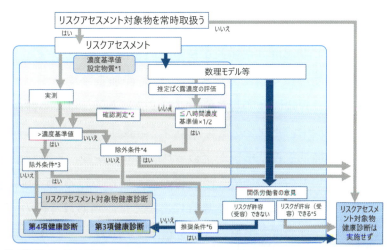

図 2.43　第 3 項健診の判断のポイント（前掲図、濃い矢印部分）

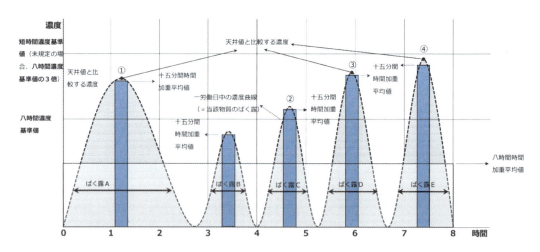

図 2.44　濃度基準告示第 3 号に規定する努力義務規定（厚生労働省資料より）

示されている皮膚等障害化学物質の「取扱方法が不十分」な場合は、吸入ばく露によるリスクレベルの如何にかかわらず、皮膚刺激性物質の場合は皮膚所見の有無の検査、皮膚吸収性物質の場合はその全身影響を考慮した健康診断を検討するという判断が必要である。

また、表中③については、特に発がんなどの遅発性疾病が標的健康影響である場合などにおいて、その時点でのリスクアセスメント結果と併せて、過去の当該物質のばく露履歴（ばく露の程度、ばく露期間、保護具の着用状況等）を考慮して、リスクアセスメント対象物健康診断実施の要否を検討する必要がある。

また、濃度基準値がある物質について、労働者のばく露の程度が第 4 項健診の対象とならないものであっても、短時間（15 分間）のばく露の条件により健診を検討する場合があり、以下の 2 条件を満たす場合には、濃度基準告示第 3 号に規定する努力義務規定（図 2.44）に基づき健康診断は不要と判断することができる。

ⅰ）　八時間濃度基準値および短時間濃度基準値が定められているものについて、当該物のばく露における 15 分間時間加重平均値が八時間濃度基準値を超え、かつ、短時間濃度基準値以下の場合にあっては、当該ばく露の回数が 1 日の労働時間中に 4 回を超えず、かつ、当該ばく露の間隔が 1 時間以上である場合

ⅱ）　八時間濃度基準値が定められており、かつ、短時間濃度基準値が定められていないものについて、当該物のばく露における 15 分間時間加重平均値が八時間濃度基準値を超える場合にあっては、当該ばく露の 15 分間時間加重平均値が八時間濃度基準値の 3 倍を超えない場合

このように、第 3 項健診の要否の判断は総合的な観点から評価を行い、「健康障害

発生リスクが許容範囲を超えるおそれがある」と判断された場合に「要実施」と判断する。

② 第4項健診の要否の判断のポイント

「労働者が濃度基準値を超えてばく露したおそれがある」ことが判明した場合に、事業者判断の裁量を問わず第4項健診を速やかに実施する必要がある（**図2.45**）。なお、安衛則第577条の2第4項では第4項健診の対象者は「第2項の業務に従事する労働者」と、その条文から「常時」が外れており、第3項健診よりも対象者を広く採っていることに留意が必要である。これは事故等による一過性のばく露も対象としていることによる。

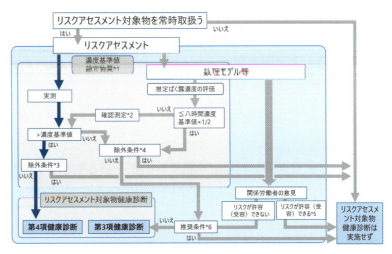

図2.45　第4項健診の判断のポイント（前掲図、濃い矢印部分）

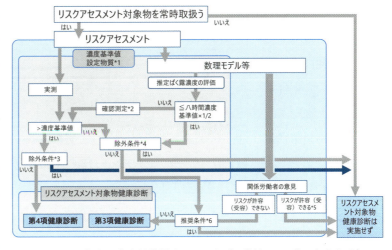

図2.46　吸入濃度が濃度基準値を下回る場合（前掲図、濃い矢印部分）

この場合においても、個人ばく露測定などの実測による評価は「呼吸域濃度」のリスクアセスメントであり、局所排気装置などの工学的措置や、必要な要求防護係数の保護具が適切に着用・管理されているなど、工学的措置や呼吸用保護具でのばく露の制御が適切に実施されることにより「吸入濃度」が濃度基準値を下回る場合には、リスクアセスメント対象物健康診断を必ずしも実施する必要はない（**図2.46**）。

③ 漏洩事故等により大量ばく露した場合

漏洩事故等により大量ばく露した場合にも、医療措置がすぐに必要な場合を除き健康診断の実施が必要であり、法令上の枠組みでは「濃度基準値がない」物質の場合には第3項健診として、「濃度基準値がある」物質の場合は第4項健診として実施することになる。なお、濃度基準値の有無は当該化学物質の健康有害性にかかる臨界影響の設定の可否によるものであることから、この場合の両健診の区別は必ずしも明確ではなく、急性期に必要な医学的検査と併せて、慢性影響を考慮する必要がある場合にはそのスクリーニング検査を継続的に実施するなど、当該化学物質による有害性を勘案した判断で実施時期や検査項目等について対応することが望まれる。

④ リスクアセスメント対象物健康診断が不要と判断された場合の対応

リスクアセスメント対象物ではない化学物質のみを取り扱う場合や、リスクアセスメントの結果「健康障害発生リスクが許容範囲内」と判断された場合には、リスクアセスメント対象物健康診断の実施は必要としない（図2.47）。なお、

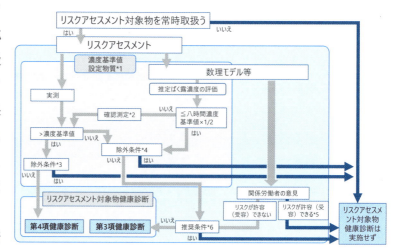

図2.47　リスクアセスメント対象物健康診断が不要と判断された場合（前掲図、濃い矢印部分）

ガイドラインでは、リスクアセスメント対象物健康診断の「対象とならない労働者」への対応として、「一般健康診断での業務歴の調査や自他覚症状の有無の検査において化学物質を取り扱う業務による所見等の有無について留意することが望ましい」とされている。この背景には、化学物質の危険性・有害性に係る情報は必ずしも十分な情報量があるとは限らず、リスクアセスメント対象物以外の物質はもちろんのこと、リスクアセスメント対象物であってもその危険性・有害性の種類によっては、情報の不足により「分類できない」等の評価をせざるを得ないものが多くあるという事情がある。すなわち、危険有害性情報が記載されていないことを「危険性・有害性がない」と誤解をせずに、未知の有害性等を含めた健康影響の可能性にも注意

を払うことが望まれる。

5.4 実施頻度

リスクアセスメント対象物健康診断のうち、第4項健診は「濃度基準値を超えてばく露したおそれがある場合は速やかに」実施する必要がある。その際、「速やかに」についてはガイドラインでは「事業者及び健康診断実施機関等の調整により合理的に実施可能な範囲」とされており、例えば次回の定期健康診断の機会等まで待つことなく、できる限り早期に実施する必要がある、という解釈である。

一方、第3項健診では、従来の特殊健康診断と異なりその実施頻度は事業者の裁量に委ねられており、ガイドラインでは実施頻度の目安として、GHSの有害性区分に基づき以下のように提案されている。なお、生殖細胞変異原性、生殖毒性、誤えん有害性については、健康診断の実施自体が現時点では求められていない（表2.7）。

① 皮膚腐食性／刺激性、眼に対する重篤な損傷性／眼刺激性、呼吸器感作性、皮膚感作性、特定標的臓器毒性（単回ばく露）による急性の健康障害発生リスクが許容される範囲を超えると判断された場合：**6月以内に1回**

（ばく露低減対策を講じても、健康障害発生リスクが許容される範囲を超える状態が継続している場合は、継続して6月以内ごとに1回実施する必要がある。）

② がん原性物質、または国が行うGHS分類の結果「発がん性の区分」が区分1

表2.7 健康有害性情報と健診の種類と頻度の目安

GHSの健康有害性分類項目	第4項健診 大量漏洩	第4項健診 急性影響評価	第3項健診 慢性・遅発性影響評価	頻度の目安（第3項健診として）
①急性毒性	②③④⑧に準ずる			
②皮膚腐食性／刺激性	○	○	×	6月以内に1回
③眼に対する重篤な損傷性／眼刺激性	○	○	×	6月以内に1回
④呼吸器感作性または皮膚感作性	○	○	×	6月以内に1回
⑤生殖細胞変異原性				
⑥発がん性	×	×	○	1年以内に1回
⑦生殖毒性	△	△	○	
⑧特定標的臓器毒性（単回ばく露）	○	○	△	6月以内に1回
⑨特定標的臓器毒性（反復ばく露）	△	△	○	3年以内に1回
⑩誤えん有害性				

○：実施が望ましい　△：必要に応じて実施　×：実施不要

に該当する化学物質にばく露し、健康障害発生リスクが許容される範囲を超えると判断された場合：**がん種によらず 1 年以内ごとに 1 回**

（ばく露低減対策により健康障害発生リスクが許容される範囲を超えない状態に改善した場合も、産業医を選任している事業場においては産業医、選任していない事業場においては医師等の意見も踏まえ、必要な期間継続的に実施することを検討）

③　上記①、②以外の健康障害（歯科領域の健康障害を含む。）発生リスクが許容される範囲を超えると判断された場合：**3 年以内ごとに 1 回**

（ばく露低減対策により健康障害発生リスクが許容される範囲を超えない状態に改善した場合も、産業医を選任している事業場においては産業医、選任していない事業場においては医師等の意見も踏まえ、必要な期間継続的に実施することを検討）

5.5　健康診断項目の検討

リスクアセスメント対象物健康診断の実施が「要」と判断された場合、その健康診断項目は「医師等が必要と認めた項目」と法令に記載されている。本節ではその健康診断項目の設定手順について解説する。なおこの「医師等」の「等」は、歯科領域の健康障害を把握する目的での歯科医師が想定されている。

(1) 基本的な考え方

第 3 項健診、第 4 項健診で共通していることは、「業務歴の調査、作業条件の簡易な調査、自他覚症状の有無の検査」を必ず実施することである。このうち「業務歴の調査」「作業条件の簡易な調査」（図 2.48）は、事業場や作業者自身から聴取できる「ばく露に係る情報」であり、リスクアセスメントの結果を補完する役割がある。また、「自他覚症状の有無の検査」は、問診や診察の場面において低侵襲で得られる健康影響指標であり、また健康影響の早期の指標と

作業条件の簡易な調査

ア　当該労働者が主に従事する作業の直近のリスクアセスメントの結果
イ　作業におけるリスクアセスメント対象物の平均的な使用頻度及び前回の健康診断以降の作業工程や取扱量等の変更
ウ　局所排気装置等の有無及び稼動状況
エ　保護具の使用状況
オ　事故や修理等の際における大量ばく露
カ　その他

図 2.48　作業条件の簡易な調査の例

して有用な場合があることから、その実施が必要とされている。

　第3項健診では「必要と判断された場合」に、標的健康影響に関するスクリーニングに係る検査項目の実施を検討する。なお、「必要と判断された場合」の解釈に際しては、業務歴の調査、作業条件の簡易な調査及び自他覚症状の問診・診察等に基づき「医師が必要と判断した場合」のほか、SDS等の有害性情報から「自他覚症状よりも低い閾値で発生する健康影響が懸念される場合」が含まれることにも留意する必要がある。

　第4項健診では、「八時間濃度基準値」を超えてばく露した場合で、ただちに健康影響が発生している可能性が低いと考えられる場合は、業務歴の調査、作業条件の簡易な調査等によるばく露の評価及び自他覚症状の有無の検査等を実施する。ばく露の程度を評価することを目的に生物学的ばく露モニタリング等が有効であると判断される場合は、その実施も推奨される。また、長期にわたるばく露があるなど、健康影響の発生が懸念される場合には、急性以外の標的影響（遅発性の健康障害を含む。）のスクリーニングに係る検査項目を設定する。

　また、「短時間濃度基準値（天井値を含む。）」を超えてばく露した場合は、主として急性の影響に関する検査項目を設定する。ばく露の程度を評価することを目的に生物学的ばく露モニタリング等が有効であると判断される場合は、その実施も推奨される。

　なお、「ただちに健康影響が発生している可能性が低いと考えられる場合」の解釈については、がんを含む遅発性疾病など、その発生に一定の期間を要する場合などが該当する。また、「健康影響の発生が懸念される場合」については、「長期にわたるばく露がある」場合のほか、自他覚症状の閾値よりも低いばく露による健康影響が懸念される場合も含まれることに留意する。

（2）健診項目の設定手順

健康診断項目の設定は、**図2.49**にあるような手順で検討を進める。なおその際、標的健康影響としてヒトの知見は優先されるべきであるが、動物試験に基づく知見であっても、その発生が懸念される健康障害発生リ

① 健康有害性情報の収集
② 標的臓器および標的健康影響の把握
③ 検査項目の設定（早期健康影響の選定）
④ 健康診断項目の設定
　a)「業務歴の調査」「作業条件の簡易な調査」
　b) 自他覚症状の有無の調査
　c) 標的健康影響のうち早期健康影響に係る臨床検査

図2.49　健康診断項目設定の手順

スクがある場合には、予防すべき標的健康影響として取り扱うことが望ましい。

① 有害性情報の収集

健診項目の設定に際して重要なのは、取り扱う化学物質等により発生し得る健康影響をあらかじめ把握・予測することである。有害性情報はリスクアセスメントの実施の際にSDS記載事項より既に収集がされているため、「原則的には」新たな情報収集をする必要はない（**図2.50**）。

1) 化学物質等（化学品／製品）及び会社情報
2) **危険有害性の要約（GHS分類結果、ラベルの要素）**
3) 組成及び成分情報
4) 応急措置
5) 火災時の措置
6) 漏出時の措置
7) 取扱い及び保管上の注意
8) ばく露防止及び保護措置
9) 物理的及び化学的性質
10) 安定性及び反応性
11) **有害性情報**
12) 環境影響情報
13) 廃棄上の注意
14) 輸送上の注意
15) 適用法令
16) その他の情報

図2.50　有害性情報の収集にかかるSDSの記載項目

なお、職域で用いられる化学品の多くは混合物であるが、混合物として有害性試験を実施した場合を除き、その成分に基づく各化学物質の危険性・健康有害性情報を、GHS事業者向けガイドライン等に基づき一定のルールで集約してSDSが作成されていることが多い。したがって、健康有害性にかかる記載は各化学物質すべての健康有害性が必ずしも記載されているわけではない点に留意が必要である。

また、事業場でのリスクアセスメントが、「混合物全体」としてではなく「その成分ごと」に実施される場合もあることから、必要に応じてSDS第3項の「組成および成分情報」に記載のある物質の健康有害性情報を個別に参照し、個々の健康有害性情報を基に標的臓器・標的健康影響を抽出することが望ましい。その際、職場のあんぜんサイトにある「モデルSDS」や、国内外のGHS分類結果など化学物質の有害性情報にかかるデータベース等を検索して当該物質の健康有害性情報を参考にす

ることも検討する。

- 令和4年度濃度基準値設定物質
  https://www.mhlw.go.jp/stf/newpage_30995.html
- 令和5年度濃度基準値設定物質
  https://www.mhlw.go.jp/stf/newpage_37528.html
- GHS対応モデルラベル・モデルSDS情報（厚生労働省　職場のあんぜんサイト）
  https://anzeninfo.mhlw.go.jp/anzen_pg/GHS_MSD_FND.aspx
- GHS総合情報提供サイト（独立行政法人製品評価技術基盤機構　化学物質管理センター）
  https://www.chem-info.nite.go.jp/chem/ghs/ghs_index.html

なお、濃度基準値が設定されている物質の場合には、その根拠となる評価シートに書かれている臨界影響（当該化学物質による健康影響のうち最も低い濃度で発生する健康影響）を有害性情報として参照することも検討される（図2.51）。ただし、リスクアセスメント対象物健康診断には現時点では適用されていない有害性（生殖毒性など）が臨界影響として採用されている場合もあるので留意する。

> ◆混合物の健康影響の評価
> 　混合物による健康影響の評価に際しては、「化学物質による健康障害防止のための濃度の基準の適用等に関する技術上の指針（令和5年4月27日技術上の指針公示第24号）」に基づき、混合物に含まれる複数の化学物質が、同一の毒性作用機序によって同一の標的臓器に作用する場合、それらの物質の相互作用によって、相加効果や相乗効果によって毒性が増大するおそれがあることに留意する。

		専門家会議付議日 2022/12/28		
物質名		メチルヒドラジン	CAS番号	60-34-4
詳細調査の要否		(不要) ・ 要		
不要の場合	濃度基準値の提案	時間加重平均　　　　　　　：0.01　（単位：ppm）		
		最大ばく露濃度・短時間ばく露限界値：　　（単位：　）		
	根拠論文等	1) Kinkead, E.R.; Haun, C. C.; Vernot, E. H.; et al.: A Chronic Inhalation Toxicity Study on Monomethylhydrazine. AFAMRL-TR-85-025. Air Force Aerospace Medical Research Laboratory, WrightPatterson Air Force Base, OH (1985)		
	コメント	F344の雌雄ラットに0、0.02、0.2、2、5ppm（各群100匹、対照群のみ150匹）、C57BL/6J雌マウスに0、0.02、0.2、2ppm（各群400匹）、雄ハムスターに0、0.2、2、5ppm（各群200匹）、雌雄ビーグル犬に0、0.2、2ppm（各群4匹）のメチルヒドラジンを6時間/日、5日/週で1年間吸入ばく露し、その後1年間ばく露なしで観察した。ラットでは、0.02ppm以上でばく露後を通じて持続する成長率の低下がみられたが、ばく露に関連した腫瘍の増加はどの用量でもみられなかった。マウスでは、0.02ppm以上で、鼻の炎症と形質細胞症がみられ、0.2ppmで腎嚢胞、2ppmで水腎症がみられた。さらに肺腫瘍、鼻腺腫、鼻ポリープ、鼻骨腫、血管腫、および肝腺腫と肝臓癌の発生率が2ppmでは対照群に比べ有意に高かった。ハムスターでは、0.2ppm以上で鼻炎と胆嚢嚢胞数の増加が観察され、2または5ppmで鼻ポリープ、腎臓の間質線維化、および良性副腎腺腫の増加が認められた。5ppmでは、体重が減少し、鼻腺腫の発生率が増加した。イヌでは、0.2ppm以上で一過性の貧血、ヘマトクリットの減少、およびヘモグロビンの減少が認められ、2ppmではメトヘモグロビン、アルカリホスファターゼ、ビリルビン、および血清GPTが可逆的に増加し、肝障害が示唆された1)。 以上のことより、動物実験の結果から0.2ppmをLOAELと判断し、不確実係数等を考慮した0.01ppmを濃度基準値（時間加重平均）として提案する。		
要の場合	その理由	□レビュー文献間におけるキー論文の量反応関係が、同じ標的健康影響において大幅に異なり、無毒性量等の検討に際して追加の文献調査が必要であるため □レビュー文献間におけるキー論文のばく露シナリオ・標的健康影響が異なり、今回のエンドポイント設定に際して追加の文献調査が必要であるため □その他 （　　　　　　　　　　　　）		
その他のコメント		マウスの鼻腔所見は他の動物種では見られず、種の感受性がヒトよりも鋭敏であること等から今回はエンドポイントとして採用しない。		

図2.51　濃度基準値の設定根拠「化学物質管理に係る専門家検討会」報告書（別紙）

② 標的臓器および標的健康影響の特定

SDS に記載されている有害性情報から標的臓器および標的健康影響を抽出する。多くの場合は複数の標的健康影響の抽出・特定が可能である。これらの標的健康影響を特定する方法には 2 つのステップがある。

(a) 標的臓器の特定

SDS 第 2 項に記載されている「危険有害性情報の要約」欄には、GHS 分類に準じた有害性項目が列挙されている（図 2.52）。

このうち「皮膚腐食性／刺激性」「眼に対する重篤な損傷性／眼刺激性」「呼吸器感作性または皮膚感作性」の標的臓器は、その項目名に示されたとおり皮膚や粘膜等である。

「特定標的臓器毒性」の項目では、分類区分の後のカッコ内に有害影響が発生する臓器名が書かれている。

GHS の健康有害性分類項目
急性毒性
皮膚腐食性／刺激性
眼に対する重篤な損傷性／眼刺激性
呼吸器感作性または皮膚感作性
生殖細胞変異原性
発がん性
生殖毒性
特定標的臓器毒性（単回ばく露）
特定標的臓器毒性（反復ばく露）
誤えん有害性

図 2.52　SDS の危険有害性情報の要約

なお、GHS 分類における「急性毒性」は定期的な検査には馴染まないため、急性の健康障害に関する検査項目の設定は、「特定標的臓器毒性（単回ばく露）」「皮膚腐食性／刺激性」「眼に対する重篤な損傷性／眼刺激性」「呼吸器感作性、皮膚感作性」のうち急性の健康影響を参照する。

また「発がん性」はこの SDS 第 2 項では臓器名称の記載がないため、後述する SDS 第 11 項の記載を参照する必要がある。

(b) 標的影響の特定

前述で特定された標的臓器について、具体的にどのような病態・健康影響が起こり得るのかを特定するためには、SDS 第 11 項を参照する必要がある。SDS 第 11 項には GHS 分類の根拠となったヒトの疫学研究や症例報告および動物試験等の知見が記載されている（図 2.53）。

③ 早期健康影響の選定

健康診断は健康影響の早期発見がその目的であることから、より早期の段階で発現する健康影響を「早期健康影響」として、できる限り優先的にスクリーニングの

安全データシート		
o-トルイジン		
1. 化学品等及び会社情報 [省略]		
2. 危険有害性の要約		
GHS 分類		
分類実施日	H25.8.22、政府向け GHS 分類ガイダンス（H25.7 版）を使用	
	GHS 改訂 4 版を使用	
物理化学的危険性	引火性液体	区分 4
健康に対する有害性	急性毒性（経口）	区分 4
	急性毒性（吸入：粉塵、ミスト）	区分 4
	眼に対する重篤な損傷性又は眼刺激性	区分 2A
	生殖細胞変異原性	区分 2
	発がん性	区分 1A
	特定標的臓器毒性（単回ばく露）	区分 1（中枢神経系、血液系、膀胱）、区分 3（麻酔作用）
	特定標的臓器毒性（反復ばく露）	区分 1（血液系、膀胱）

[省略]

11. 有害性情報
    [省略]

特定標的臓器毒性（単回ばく露）　ヒトにおける吸入ばく露、経皮ばく露による毒性症状は、複数の事例から頭痛、めまい、悪心、呼吸困難、意識喪失、神経障害、発汗、チアノーゼ、メトヘモグロビン血症、膀胱への強い刺激による血尿と報告されている（NITE 初期リスク評価書（2008）、SIDS（2006）、環境省リスク評価第 1 巻（2002）、産衛学会許容濃度の提案理由書（1991）、CICAD 7（1998）、DFGOT vol. 3（1992））。その他、急性ばく露した労働者で、排尿困難、乏尿、血尿、膀胱炎、膀胱上皮の変性などが認められている（DFGOT vol. 3（1992））。

実験動物では、ラットの 492 ppm（2.16 mg/L）吸入ばく露で、振戦、チアノーゼ、努力呼吸、痙攣、呼吸困難、ラットの 600-900 mg/kg の経口投与で、麻酔作用、チアノーゼ、尿量増加、ネコの 50 mg/kg 経口投与で、横臥位、頻呼吸、チアノーゼ、散瞳、無関心、流涎がみられている（NITE 初期リスク評価書（2008）、ACGIH（7th, 2001）、PATTY（6th, 2012）、環境省リスク評価第 1 巻（2002）、SIDS（2006））。これらの中枢神経系及び血液系への影響は区分 1 のガイダンス値範囲の濃度で認められた。

以上より、区分 1（中枢神経系、血液系、膀胱）、区分 3（麻酔作用）とした。

旧分類では中枢神経系、麻酔作用は採用されていなかったが、今回区分として採用した。また、旧分類で腎臓を採用していたが、腎臓への影響の情報は乏しく、採用しなかった。

[省略]

図 2.53　SDS 第 11 項の「**有害性情報**」（厚生労働省「モデル SDS」より）

対象とすることが望ましい。「早期健康影響」とは多くの場合、その物質による影響のうちの最も低いばく露濃度で発生する影響と考えることが可能である（5.2 の(1) 図 2.40 参照）。

なお、濃度基準値がある場合は、その設定根拠となった臨界影響を早期健康影響の候補とすることも検討される。また、濃度基準値が設定されていないが公的機関

や学術機関による職業性ばく露限界値がある場合は、当該ばく露限界値の根拠文献等から標的臓器及び標的健康影響を読み取ることも検討する。

なお、SDS 等の有害性情報を基に把握される複数の標的健康影響から「早期健康影響」を特定することは必ずしも容易ではないことから、複数の健康影響に基づき検査項目を設定することは妨げられるものではないが、その際は、次項の「④健康診断項目の設定」において解説をしているように、事業者の負担や受診者の侵襲等の観点で過剰な検査とならないように留意をすることが望まれる。

④ 健康診断項目の設定

(a)「業務歴の調査」および「作業条件の簡易な調査」

これらについては、5.5 の (1)「基本的な考え方」で示した方法で実施する。

(b) 自他覚症状

③までに特定された標的健康影響のうち、問診・診察で把握可能な愁訴・所見は「自他覚症状」として把握する。特に「皮膚腐食性／刺激性」「眼に対する重篤な損傷性／眼刺激性」「呼吸器感作性または皮膚感作性」については問診・診察が主な検査項目になると考えられ、また「特定標的臓器毒性（単回ばく露）」についても、問診・診察で評価可能な自他覚症状がある点に留意する。なお、GHS 分類の有害性項目から、その候補として類型化した愁訴を**表 2.8** に例示する。

表 2.8　GHS 有害性分類に対応する愁訴の例示

有害性分類		愁訴の例
皮膚腐食性／刺激性		皮膚炎、皮膚掻痒感（かゆみ）、皮膚発赤
眼に対する重篤な損傷性／眼刺激性		眼の痛み、流涙、結膜充血
皮膚感作性		皮膚炎、皮膚掻痒感（かゆみ）、皮膚発赤、湿疹、じんま疹
呼吸器感作性		せき、息切れ、胸痛、呼吸困難、喘息様発作、胸部不安感
発がん性		全身倦怠感、体重減少
特定標的臓器毒性	気道・肺障害	せき、たん、息切れ、鼻水、鼻閉、鼻・喉の痛み
	中枢神経障害	頭痛、頭重、めまい、眠気、嘔吐、全身倦怠感
	末梢神経障害	四肢の知覚異常、四肢の運動障害
	血液系障害	顔面蒼白、心悸亢進（動悸）、めまい、ふらつき、チアノーゼ
	肝障害	全身倦怠感、易疲労感、黄疸
	腎障害	血尿、多尿、乏尿、むくみ
	消化器系障害	腹痛、下痢、嘔吐、食欲不振
	循環器系障害	胸痛、呼吸困難、心悸亢進（動悸）
	口腔粘膜・歯の障害	口腔内の痛み、歯痛、歯牙の変化
	泌尿器系障害	血尿、頻尿、排尿痛、下腹部痛、残尿感

なお、現行の特別規則等で規定されている物質にかかる「疾病の種類」と「その症状」が、安衛則第592条の8等で定める有害性等の掲示内容として労働安全衛生総合研究所のホームページで公開されている（巻末資料2-2）。

・有害性等に関する掲示内容における「おそれのある疾病の種類」及び「疾病の症状」の記載例
　https://www.jniosh.johas.go.jp/groups/ghs/Notice_example_202402.xlsx

(c) 臨床検査項目

自他覚症状よりも低い閾値で発生する健康影響が懸念される物質や、がんなど遅発性疾病や慢性影響が標的健康影響として特定される物質については、臨床検査による健康診断の実施が望ましい。検査項目としては、早期健康影響を評価する項目のほか、遅発性疾病や慢性影響のスクリーニング検査などが含まれる。検査項目の選定については**表2.9**の項目に多く合致する項目を優先的に設定することが望ましい。なお、GHS分類における健康有害性情報と検査方法の対比例を**表**

表2.9　検査項目設定上の留意点　（厚生労働省「令和2年度 化学物質の健康診断に関する専門委員会報告書」より）

検査項目設定上の留意点

■**健康障害を早期に発見するための項目**

　健康診断項目を採用するか否か判断する場合、事業者に一定の費用負担を負わせること等に鑑み、以下の条件を満たすものとした。
　ⅰ）医学的に確立した検査法である。
　ⅱ）目的とする障害を検出する敏感度（Sensitivity）及び特異度（Specificity）が妥当なレベルにある。
　ⅲ）受診者に大きな負担をかけない。
　ⅳ）全国どこでも検査が行える。
　ⅴ）予想される健康障害予防の成果に比較して、手間や費用が大き過ぎない。
　これらの条件のすべては満たさないが、健康障害の早期発見に有効と考えられる項目は医師が必要と認める場合に実施する項目として採用することを検討するものとした。

■**生物学的モニタリング**

　生物学的モニタリングは、作業者個人のばく露レベルの指標として高い精度を持っているので、以下の条件①、②、③を満たすものについては健康診断項目として採用する。ただし、「必ず実施する健康診断項目」として採用するには①〜⑤のすべての条件を満たすものとする。
　① 作業に起因する生体内への取込み量に定量的に対応する測定値が得られる。
　② 分析試料の採取、運搬などに特別の問題がない。
　③ 生物学的モニタリングを追加することにより、健康障害予防の精度を高めることができる。
　④ 健康障害発生リスクの有無、又は程度を判断できる基準値がある。
　⑤ 予想される健康障害予防の成果に比較して、手間や費用が大き過ぎない。

2.10 に示す。また、既存の法令で規定されている標的健康影響とその検査項目等も参考となる（表 2.11、表 2.12）。

表 2.10　検査項目の設定　有害性と検査方法の例

GHS の有害性分類項目	区分	有害性の概要	検査の目的	検査方法	優先度
①急性毒性	②③④⑧に準ずる				
②皮膚腐食性／刺激性	区分 1	腐食性	皮膚炎等の評価	問診・診察	実施が望ましい
	区分 2	刺激性			
③眼に対する重篤な損傷性／眼刺激性	区分 1	重篤な損傷性	粘膜異常所見の評価	問診・診察	実施が望ましい
	区分 2A/B	刺激性			
④呼吸器感作性または皮膚感作性	区分 1A/B/C	感作性	感作による所見の評価	問診・診察	実施が望ましい
				臨床検査	必要と認めた場合
⑤生殖細胞変異原性					
⑥発がん性	区分 1A	ヒトの発がんがある	当該発がんのスクリーニング項目	問診・診察臨床検査	実施が望ましい
	区分 1B	ヒトの発がんがおそらくある			
	区分 2	ヒトに対する発がん性が疑われる[*1]			必要と認めた場合
⑦生殖毒性					
⑧特定標的臓器毒性（単回ばく露）	区分 1	ヒトに対して重大な毒性をもつ、又は動物実験の証拠に基づき単回ばく露によってヒトに対して重大な毒性を示す可能性があるとみなせる	各影響に応じたスクリーニング項目	問診・診察臨床検査	実施が望ましい
	区分 2	動物実験の証拠に基づき単回ばく露によってヒトの健康に有害である可能性があるとみなせる			必要と認めた場合
	区分 3	一時的な特定臓器への影響			
⑨特定標的臓器毒性（反復ばく露）	区分 1	ヒトに対して重大な毒性をもつ、又は動物実験の証拠に基づき反復ばく露によってヒトに対して重大な毒性をもつ可能性があるとみなせる	各影響に応じたスクリーニング項目	問診・診察臨床検査	実施が望ましい
	区分 2	動物実験の証拠に基づき反復ばく露によってヒトの健康に有害である可能性があるとみなせる			必要と認めた場合
⑩誤えん有害性					

＊1　動物試験においてデータは発がん作用を示しているが、断定的な評価を下すには限定的である場合

表 2.11 特別規則物質の標的影響と健康診断項目の例（自覚症状・他覚所見の検査を除く）

標的臓器	標的健康影響	検査項目（基本項目）	検査項目（推奨項目）	特別規則該当物質の例
発がん	腎臓がん	尿潜血検査・沈査、尿路造影検査、腹部超音波検査		トリクロロエチレン
	膀胱がん・泌尿器系がん	尿潜血検査・沈査、尿細胞診	膀胱鏡検査 尿路造影検査 腹部超音波検査	o-トルイジン、MOCA
	呼吸器系がん	胸部エックス線撮影検査	特殊なエックス線撮影の検査（CT）、喀痰細胞診、気管支鏡検査	ニッケル、エチレンイミン
	鼻腔がん		上気道の病理学的検査 耳鼻科学的検査（視診）	酸化プロピレン
	悪性リンパ腫	白血球数および分画	リンパ節の病理学的検査、MRI	ベンゾトリクロリド
	白血病・再生不良性貧血	赤血球系・白血球系の検査	骨髄性細胞の算定	エチレンイミン
	皮膚がん		皮膚の病理学的検査	ベンゾトリクロリド、砒素、ニッケル、βプロピオラクトン
	肝血管肉腫	AST/ALT/γ-GT	シンチグラム	PCB
	肝胆管系がん	AST/ALT/γ-GT	腹部の画像検査 CA19-9等の腫瘍マーカー	四塩化炭素、1,2-ジクロロエチレン、1,2-ジクロロプロパン、ジクロロメタン、トリクロロエチレン
皮膚感作性	皮膚炎（感作性）		皮膚貼付試験（パッチテスト）、血液免疫学的検査、アレルギー反応の検査	ベリリウム、コバルト、ニッケル、トリレンジイソシアネート
呼吸器感作性	アレルギー性喘息		呼吸機能検査	トリレンジイソシアネート

表 2.12 特別規則物質の標的影響と健康診断項目の例（自覚症状・他覚所見の検査を除く）

標的臓器	標的健康影響	検査項目 基本項目	検査項目 推奨項目	特別規則該当物質の例
肝障害	急性肝炎・肝細胞障害	AST/ALT/γ-GT	その他の肝機能検査	
	胆管系障害	AST/ALT/γ-GT/ALP/血清総ビリルビン		1,2-ジクロロプロパン
	肝脾腫		γ-GT、ZTT、ICG、LDH、シンチグラム	PCB
腎障害	尿細管障害	尿中β2-マイクログロブリン	尿中α1-マイクログロブリン、尿中NAG	カドミウム
血液系障害	赤血球産生障害	赤血球系の検査（赤血球数/血色素量）	網状赤血球、ヘマトクリット、血清間接ビリルビン	o-トルイジン、o-フタロジニトリル
	溶血性貧血			ナフタレン
	メトヘモグロビン血症		血中メトヘモグロビン	o-トルイジン
	出血傾向		出血時間	弗化水素
呼吸器系障害	間質性・気腫性変化	血清KL-6	血清SP-D、胸部エックス線、特殊なエックス線撮影の検査（CT等）、呼吸機能検査	インジウムすず化合物、リフラクトリーセラミックファイバー、コバルト
		呼吸機能検査		五酸化バナジウム等
循環器障害	血圧低下、心臓への影響	血圧値	心電図検査	三酸化ニアンチモン、コバルト、ニトログリコール
中枢・末梢神経障害	中枢神経障害		知覚異常、ロンベルグ兆候、拮抗運動反復不能症等の神経学的検査	アルキル水銀、水銀
	末梢神経障害	運動障害、不随意運動、握力	神経学的検査（視野、聴力、色覚、脳波）、筋電図検査	スチレン
	コリンエステラーゼ阻害	縮瞳、線維束攣縮、血清コリンエステラーゼ活性	赤血球コリンエステラーゼ活性 血漿コリンエステラーゼ活性	DDVP アクリロニトリル
内分泌系異常	糖質代謝異常、脂質代謝異常等	尿糖	脂質検査、血中酸性フォスファターゼ	弗化水素

　検査項目の設定に際し、GHS分類における健康有害性項目に準じた留意点を以下に示す。なお、ガイドラインでは「生殖細胞変異原性」「生殖毒性」「誤えん有害性」については、現時点では健康診断の実施対象とされないとされていることから、ここでは割愛する。

107

ア　発がん性

　リスクアセスメントの結果「健康障害発生リスクが許容できない」と判断された発がん性に対しては、そのスクリーニング項目の実施が検討される。なお、GHSの発がん性区分がヒト及び動物における当該影響発生の確からしさで評価・区分されていることに鑑み、「ヒトに対する発がん性が知られている物質（GHS発がん性区分1A）」および「ヒトに対しておそらく発がん性がある物質（GHS発がん性区分1B）」についてはその実施が推奨され、「ヒトに対する発がん性が疑われる物質（GHS区分2）」については、リスクアセスメントに基づく結果やそれまでの業務の経歴および作業条件の簡易な調査などにより把握されるばく露状況を勘案して、検査の実施を検討することが望まれる。

　なお、スクリーニング項目については、既存の特殊健康診断で採用されている検査項目（**表 2.11** および **表 2.12**）のほか、各種学会等が提示しているガイドライン等を参照することも検討する。

　なお、リスクアセスメント対象物健康診断に関するガイドラインでは「検査項目の設定のためのエビデンスが十分でないがん種（がんが発生する部位が明らかでない場合や、スクリーニング検査にかかるエビデンスに乏しい等により検査項目の設定が困難である場合等）」などに対して、明確な根拠に基づかずに闇雲に検査を行うことを慎むように注意喚起をしている。

イ　特定標的臓器毒性（単回ばく露）

　本有害性における自他覚症状については5.5（2）④の（b）「自他覚症状」に示した通りである。自他覚症状以外の健康有害性については、既存の特殊健康診断で採用されている検査項目（**表 2.12**）等を参照することも検討する。なお、GHSの健康有害性区分については、ヒトに対して重大な有害性が発生する、または低いレベルのばく露によってヒトに対して重大な有害性が発生する可能性があることを示す根拠が、区分1では区分2および3より確実であることから、区分値の低い影響について優先的に実施することが推奨される。

ウ　特定標的臓器毒性（反復ばく露）

　本有害性における自他覚症状については5.5（2）④の（b）「自他覚症状」に示した通りである。

　自他覚症状以外の健康有害性について、特に反復ばく露の場合は慢性毒性およ

び遅発性の健康影響等が含まれることから、これらのスクリーニング項目を併せて追加することを検討する必要がある。その際、既存の特殊健康診断で採用されている検査項目（**表 2.12**）等を参照することも検討する。なお、GHS の健康有害性区分については、ヒトに対して重大な有害性が発生する、または低いレベルのばく露によってヒトに対して重大な有害性が発生する可能性があることを示す根拠が、区分 1 では区分 2 より確実であることから、区分値の低い影響について優先的に実施することが推奨される。

⑤ 判定基準

自他覚症状の場合にはその有無や程度により、臨床検査においてはその臨床検査機関の持つ基準範囲での判定をすることで差支えはない。なお、基準範囲を逸脱した場合の評価の考え方については、5.8「事後措置」を参照のこと。

(3) GHS 分類における健康有害性を見る場合の留意点

GHS 分類における「健康有害性区分」は、健康有害性項目ごとに基準が決められており、健康診断としての標的健康影響を評価する際には、同一の項目内においては区分の数字が小さい方の臓器影響を優先的に採用することが望ましい。なお、「生殖毒性」「発がん性」については「当該健康影響発生の確からしさ」に基づき評価されていることに留意が必要である。

また、危険性・健康有害性区分が設定されていない（「分類できない」「区分に該当しない」とされている）物質については、「健康有害性がない」ということではなく、健康有害性を区分できる情報に乏しい場合も含まれている点に留意する。

なお、GHS による健康有害性の分類においては、ヒトの疫学研究や症例報告だけではなく動物試験等の知見が記載されている。標的健康影響としてヒトの知見は優先されるべきであるが、動物試験に基づく知見であっても、その発生が懸念されるリスクがある場合には、予防すべき標的健康影響として取り扱うことが望ましい。

(4) 歯科領域の健康診断項目

日本の GHS 政府分類のうち健康有害性区分において「歯」の記載がある物質が「特定標的臓器毒性（反復ばく露）」で複数見られるが、そのうち職域におけるばく露の可能性が否定できない 5 物質がリスクアセスメント対象物健康診断の対象として選定されている。従来の歯科による健康診断（安衛法第 66 条第 3 項）では健康診断項目

が明記はされていないが、上記5物質については歯牙・歯肉に係る所見であることから、「スクリーニングとしての歯科領域に係る検査項目は、歯科医師による問診及び歯牙・口腔内の視診とする」とガイドラインでは記載されている。

5.6　リスクアセスメント対象物健康診断実施の継続の判断

　リスクアセスメントの結果「リスクが許容できない」と判断された場合は、事業者はそのリスク低減対策を実施する必要がある。このリスク低減対策の結果「リスクが許容範囲内」と判断された場合や、保護具の使用等により「健康障害発生リスク」が許容範囲内と判断をされた場合であっても、リスクアセスメント対象物健康診断の継続の要否についての検討が必要である。すなわち、リスクが低減されたことを理由に一律にリスクアセスメント対象物健康診断の実施を終了するのではなく、当該化学品の健康有害性の種類やそれまでのばく露状況等により、継続の要否を検討しなければならない。

　例えば、いわゆる「急性影響」に分類される健康有害性（皮膚腐食性・刺激性、眼に関する重篤な有害性、眼刺激性、特定標的臓器毒性（単回ばく露））については、その継続は多くの場合は不要と考えられるが、体内での半減期が長いことなどによりばく露後の健康影響が慢性経過をたどる場合や、特定標的臓器毒性（反復ばく露）による長期的な影響が懸念される場合、および発がん等の遅発性の健康障害の発生が懸念される場合等については、リスクアセスメント対象物健康診断による継続的な健康モニタリングの実施を検討する必要がある。

5.7　事前の準備と実施体制の整備

　リスクアセスメント対象物健康診断は、健康障害発生リスクが許容できないと判断された場合に実施されるため、リスクアセスメントの結果を受けてからその準備を始めるとタイミングを逸する可能性がある。特に第4項健診については「速やかに」実施することが必要であるため、「健康診断の実施が必要」と判断をされた時点で迅速に対応ができるように、化学物質を取り扱う事業場では以下のような準備をあらかじめしておくことが望ましい。

(1) 事業者の理解の促進

　健康診断の実施義務が課せられている事業者に対して、5.5 で示された健康診断項目について、それを実施する場合の時期やコスト等について、あらかじめ説明をして理解を求める必要がある。

(2) 労働者の理解の促進

　労働者にはリスクアセスメント対象物健康診断の受診義務はないが、リスクアセスメント対象物健康診断を実施するということは健康障害発生リスクが許容できないという前提があることから、できる限り受診を促す必要がある。そのためには、リスクコミュニケーションの一環として危険性・有害性の情報伝達を行う際に、併せて健康診断の実施方法やその項目等を説明し、理解を求める必要がある。なお、健康診断は医療情報の収集となることから、その情報の管理方法についても周知し理解を得ることが望ましい。なお、健康情報の取扱いについては「労働者の心身の状態に関する情報の適正な取扱いのために事業者が講ずべき措置に関する指針」に準じた取扱いが必要である。

(3) 健康診断実施機関との調整

　従来の特殊健康診断と異なり、リスクアセスメント対象物健康診断ではその対象者やその実施時期が必ずしも一定ではないことから、健康診断実施機関との調整も必要である。特に、第4項健診はリスクアセスメントの結果によって「速やかに」その実施が求められるが、時期を逃すと健康影響の把握が遅れる可能性があるため、必要に応じて事前にその可能性を健康診断実施機関に連絡し、調整を図ることが望ましい。

(4) 事業場内での周知

　上記の内容について、衛生委員会等の場にて調査審議の機会を設け、実際に健康診断が必要と判断された際に事業場で混乱が起きないようにすることが望ましい。

5.8 事後措置

　従来の健康診断と同様、リスクアセスメント対象物健康診断についても健康診断結果に基づく事後措置が必要であるが、5.2の（1）で述べたようにリスクアセスメント対象物健康診断の目的は従来の特殊健康診断と同じであることから、その方法には大きな違いはなく、いわゆる労働衛生の3管理として対応を図ることとなる。なお、安衛則第577条の2第6項では「リスクアセスメント対象物健康診断の結果（リスクアセスメント対象物健康診断の項目に異常の所見があると診断された労働者に係るものに限る）に基づき、当該労働者の健康を保持するために必要な措置について、次に定めるところにより、医師又は歯科医師の意見を聴かなければならない」としている。

①　リスクアセスメント対象物健康診断が行われた日から3月以内に行うこと。
②　聴取した医師又は歯科医師の意見をリスクアセスメント対象物健康診断個人票に記載すること。

　また、安衛則第577条の2第8項では、上記による医師又は歯科医師の意見を勘案し「その必要があると認めるときは、当該労働者の実情を考慮して、就業場所の変更、作業の転換、労働時間の短縮等の措置を講ずるほか、作業環境測定の実施、施設又は設備の設置又は整備、衛生委員会又は安全衛生委員会への当該医師又は歯科医師の意見の報告その他の適切な措置を講じなければならない」と規定している。これらについては特別規則の特殊健康診断の場合と同様である。

（1）健康診断結果の評価

　健康診断では自他覚症状および実施した臨床検査の結果を評価する必要がある。これらの検査の多くは、必ずしも使用した化学物質に特異的な所見ではなく、非特異的な所見として提示されることから、業務および化学物質ばく露と関連を評価する必要がある。その際、生活習慣等の化学物質以外の影響を考慮する前に、健康診断項目は当該化学物質により引き起こされる可能性がある健康影響をスクリーニングするための項目であることに鑑み、まずは業務との因果の有無を判断する必要がある。この点において特殊健康診断と異なるのは、特殊健康診断は当該化学物質を常時使用する労働者に対して、そのばく露の程度にかかわらず一律に実施されるものであるが、リスクアセスメント対象物健康診断は「健康障害発生リスクが許容範

囲を超えている」ことを前提に対象者が選別されていることに留意をする必要がある。

(2) 作業者に対する措置

当該化学物質に係る健康影響が認められた場合には、医療が必要な場合は速やかに医療機関の受診を促す。また、当該職場からの隔離によりばく露防止を図る必要がある。

(3) 事業場に対する措置

当該化学物質に係る健康影響が作業者に認められた場合には、ばく露低減措置をすることで健康障害発生リスクを許容範囲以内にすることが必要である。このリスク低減対策には、労働衛生の3管理のうち「作業環境管理」「作業管理」の手法が用いられる（図2.54）。なお、従来の特別規則と異なり、リスク低減対策として用いる制御方法は事業者の裁量により選択をすることができる。

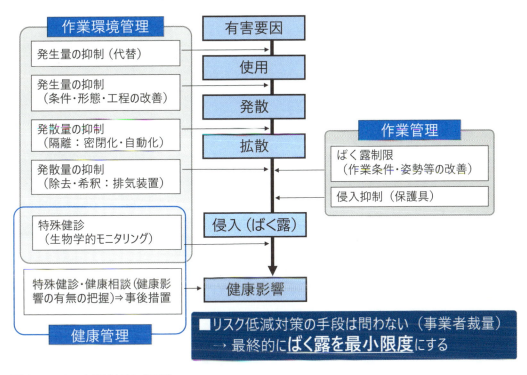

図2.54 リスク低減対策（再掲）

（4）結果の保存

リスクアセスメント対象物健康診断の結果に基づき、リスクアセスメント対象物健康診断個人票（様式第24号の2）（巻末資料2-4）を作成し、これを5年間（がん原性物質である場合は、30年間）保存しなければならない（安衛則第577条の2第5項）。

なお、法令の規定はないが、リスクアセスメント対象物健康診断の実施の要否を判断した際のその理由についても併せて記録をしておくことが望ましい。

巻末資料

1. 行政関係資料
 資料 1-1 労働安全衛生法及び労働安全衛生規則〈抄〉 116
 資料 1-2 リスクアセスメント対象物健康診断に関するガイドライン 123
 資料 1-3 リスクアセスメント対象物健康診断に係るガイダンス 暫定版 131
 資料 1-4 リスクアセスメント対象物健康診断に関する Q&A 141

2. 健康診断項目の設定に関する資料
 資料 2-1 労働安全衛生規則第 592 条の 8 等で定める有害性等の掲示内容について 149
 資料 2-2 「労働安全衛生規則第 592 条の 8 等で定める有害性等の掲示内容について」に基づく、有害物の有害性等に関する掲示内容における「おそれのある疾病の種類」及び「疾病の症状」の記載例 153
 資料 2-3 標的健康影響に対する健康診断項目の例（リスクアセスメント対象物健康診断に係るガイダンス（暫定版）別紙 2） 167
 資料 2-4 リスクアセスメント対象物健康診断個人票（安衛則　様式第 24 号の 2） 169

3. 職場等啓発資料
 資料 3-1 厚生労働省リーフレット「リスクアセスメント対象物健康診断のしくみが始まります」 171
 資料 3-2 新たな化学物質規制に関するチェックリスト 173

4. その他の参考資料 174

5. 情報源 175

6. 用語集 176

1. 行政関係資料

資料 1-1

労働安全衛生法（昭和47年法律第57号）**及び労働安全衛生規則**（昭和47年労働省令第32号）〈抄〉

労働安全衛生法
（事業者の講ずべき措置等）
第22条 事業者は、次の健康障害を防止するため必要な措置を講じなければならない。
一 原材料、ガス、蒸気、粉じん、酸素欠乏空気、病原体等による健康障害
二 放射線、高温、低温、超音波、騒音、振動、異常気圧等による健康障害
三 計器監視、精密工作等の作業による健康障害
四 排気、排液又は残さい物による健康障害

労働安全衛生規則
（化学物質管理者が管理する事項等）
第12条の5 事業者は、法第57条の3第1項の危険性又は有害性等の調査（主として一般消費者の生活の用に供される製品に係るものを除く。以下「リスクアセスメント」という。）をしなければならない令第18条各号に掲げる物及び法第57条の2第1項に規定する通知対象物（以下「リスクアセスメント対象物」という。）を製造し、又は取り扱う事業場ごとに、化学物質管理者を選任し、その者に当該事業場における次に掲げる化学物質の管理に係る技術的事項を管理させなければならない。ただし、法第57条第1項の規定による表示（表示する事項及び標章に関することに限る。）、同条第2項の規定による文書の交付及び法第57条の2第1項の規定による通知（通知する事項に関することに限る。）（以下この条において「表示等」という。）並びに第7号に掲げる事項（表示等に係るものに限る。以下この条において「教育管理」という。）を、当該事業場以外の事業場（以下この項において「他の事業場」という。）において行つている場合においては、表示等及び教育管理に係る技術的事項については、他の事業場において選任した化学物質管理者に管理させなければならない。
一 法第57条第1項の規定による表示、同条第2項の規定による文書及び法第57条の2第1項の規定による通知に関すること。
二 リスクアセスメントの実施に関すること。
三 第577条の2第1項及び第2項の措置その他法第57条の3第2項の措置の内容及びその実施に関すること。
四 リスクアセスメント対象物を原因とする労働災害が発生した場合の対応に関すること。
五 第34条の2の8第1項各号の規定によるリスクアセスメントの結果の記録の作成及び保存並びにその周知に関すること。
六 第577条の2第11項の規定による記録の作成及び保存並びにその周知に関すること。
七 第1号から第4号までの事項の管理を実施するに当たつての労働者に対する必要な教育に関すること。
2 事業者は、リスクアセスメント対象物の譲渡又は提供を行う事業場（前項のリスクアセスメント対象物を製造し、又は取り扱う事業場を除く。）ごとに、化学物質管理者を選任し、その者に当該事業場における表示等及び教育管理に係る技術的事項を管理させなければならない。ただし、表示等及び教育管理を、当該事業場以外の事業場（以下この項において「他の事業場」という。）において行つている場合においては、表示等及び教育管理に係る技術的事項については、他の事業場において選任した化学物質管理者に管理させなければならない。

3 前2項の規定による化学物質管理者の選任は、次に定めるところにより行わなければならない。
　一 化学物質管理者を選任すべき事由が発生した日から14日以内に選任すること。
　二 次に掲げる事業場の区分に応じ、それぞれに掲げる者のうちから選任すること。
　　イ リスクアセスメント対象物を製造している事業場　厚生労働大臣が定める化学物質の管理に関する講習を修了した者又はこれと同等以上の能力を有すると認められる者
　　ロ イに掲げる事業場以外の事業場　イに定める者のほか、第1項各号の事項を担当するために必要な能力を有すると認められる者
4 事業者は、化学物質管理者を選任したときは、当該化学物質管理者に対し、第1項各号に掲げる事項をなし得る権限を与えなければならない。
5 事業者は、化学物質管理者を選任したときは、当該化学物質管理者の氏名を事業場の見やすい箇所に掲示すること等により関係労働者に周知させなければならない。

（保護具着用管理責任者の選任等）
第12条の6 化学物質管理者を選任した事業者は、リスクアセスメントの結果に基づく措置として、労働者に保護具を使用させるときは、保護具着用管理責任者を選任し、次に掲げる事項を管理させなければならない。
　一 保護具の適正な選択に関すること。
　二 労働者の保護具の適正な使用に関すること。
　三 保護具の保守管理に関すること。
2 前項の規定による保護具着用管理責任者の選任は、次に定めるところにより行わなければならない。
　一 保護具着用管理責任者を選任すべき事由が発生した日から14日以内に選任すること。
　二 保護具に関する知識及び経験を有すると認められる者のうちから選任すること。
3 事業者は、保護具着用管理責任者を選任したときは、当該保護具着用管理責任者に対し、第1項に掲げる業務をなし得る権限を与えなければならない。
4 事業者は、保護具着用管理責任者を選任したときは、当該保護具着用管理責任者の氏名を事業場の見やすい箇所に掲示すること等により関係労働者に周知させなければならない。

（衛生委員会の付議事項）
第22条 法第18条第1項第4号の労働者の健康障害の防止及び健康の保持増進に関する重要事項には、次の事項が含まれるものとする。
　一 衛生に関する規程の作成に関すること。
　二 法第28条の2第1項又は第57条の3第1項及び第2項の危険性又は有害性等の調査及びその結果に基づき講ずる措置のうち、衛生に係るものに関すること。
　三 安全衛生に関する計画（衛生に係る部分に限る。）の作成、実施、評価及び改善に関すること。
　四 衛生教育の実施計画の作成に関すること。
　五 法第57条の4第1項及び第57条の5第1項の規定により行われる有害性の調査並びにその結果に対する対策の樹立に関すること。
　六 法第65条第1項又は第5項の規定により行われる作業環境測定の結果及びその結果の評価に基づく対策の樹立に関すること。
　七 定期に行われる健康診断、法第66条第4項の規定による指示を受けて行われる臨時の健康診断、法第66条の2の自ら受けた健康診断及び法に基づく他の省令の規定に基づいて行われる医師の診断、診察又は処置の結果並びにその結果に対する対策の樹立に関すること。
　八 労働者の健康の保持増進を図るため必要な措置の実施計画の作成に関すること。

九　長時間にわたる労働による労働者の健康障害の防止を図るための対策の樹立に関すること。
十　労働者の精神的健康の保持増進を図るための対策の樹立に関すること。
十一　第577条の2第1項、第2項及び第8項の規定により講ずる措置に関すること並びに同条第3項及び第4項の医師又は歯科医師による健康診断の実施に関すること。
十二　厚生労働大臣、都道府県労働局長、労働基準監督署長、労働基準監督官又は労働衛生専門官から文書により命令、指示、勧告又は指導を受けた事項のうち、労働者の健康障害の防止に関すること。

（危険有害化学物質等に関する危険性又は有害性等の表示等）
第24条の14　化学物質、化学物質を含有する製剤その他の労働者に対する危険又は健康障害を生ずるおそれのある物で厚生労働大臣が定めるもの（令第18条各号及び令別表第3第1号に掲げる物を除く。次項及び第24条の16において「危険有害化学物質等」という。）を容器に入れ、又は包装して、譲渡し、又は提供する者は、その容器又は包装（容器に入れ、かつ、包装して、譲渡し、又は提供するときにあつては、その容器）に次に掲げるものを表示するように努めなければならない。
　一　次に掲げる事項
　　イ　名称
　　ロ　人体に及ぼす作用
　　ハ　貯蔵又は取扱い上の注意
　　ニ　表示をする者の氏名（法人にあつては、その名称）、住所及び電話番号
　　ホ　注意喚起語
　　ヘ　安定性及び反応性
　二　当該物を取り扱う労働者に注意を喚起するための標章で厚生労働大臣が定めるもの
2　危険有害化学物質等を前項に規定する方法以外の方法により譲渡し、又は提供する者は、同項各号の事項を記載した文書を、譲渡し、又は提供する相手方に交付するよう努めなければならない。

第24条の15　特定危険有害化学物質等（化学物質、化学物質を含有する製剤その他の労働者に対する危険又は健康障害を生ずるおそれのある物で厚生労働大臣が定めるもの（法第57条の2第1項に規定する通知対象物を除く。）をいう。以下この条及び次条において同じ。）を譲渡し、又は提供する者は、特定危険有害化学物質等に関する次に掲げる事項（前条第2項に規定する者にあつては、同条第1項に規定する事項を除く。）を、文書若しくは磁気ディスク、光ディスクその他の記録媒体の交付、ファクシミリ装置を用いた送信若しくは電子メールの送信又は当該事項が記載されたホームページのアドレス（二次元コードその他のこれに代わるものを含む。）及び当該アドレスに係るホームページの閲覧を求める旨の伝達により、譲渡し、又は提供する相手方の事業者に通知し、当該相手方が閲覧できるように努めなければならない。
　一　名称
　二　成分及びその含有量
　三　物理的及び化学的性質
　四　人体に及ぼす作用
　五　貯蔵又は取扱い上の注意
　六　流出その他の事故が発生した場合において講ずべき応急の措置
　七　通知を行う者の氏名（法人にあつては、その名称）、住所及び電話番号
　八　危険性又は有害性の要約
　九　安定性及び反応性
　十　想定される用途及び当該用途における使用上の注意

十一　適用される法令
十二　その他参考となる事項
2　特定危険有害化学物質等を譲渡し、又は提供する者は、前項第4号の事項について、直近の確認を行つた日から起算して5年以内ごとに1回、最新の科学的知見に基づき、変更を行う必要性の有無を確認し、変更を行う必要があると認めるときは、当該確認をした日から1年以内に、当該事項に変更を行うように努めなければならない。
3　特定危険有害化学物質等を譲渡し、又は提供する者は、第1項の規定により通知した事項に変更を行う必要が生じたときは、文書若しくは磁気ディスク、光ディスクその他の記録媒体の交付、ファクシミリ装置を用いた送信若しくは電子メールの送信又は当該事項が記載されたホームページのアドレス（二次元コードその他のこれに代わるものを含む。）及び当該アドレスに係るホームページの閲覧を求める旨の伝達により、変更後の同項各号の事項を、速やかに、譲渡し、又は提供した相手方の事業者に通知し、当該相手方が閲覧できるように努めなければならない。

（リスクアセスメントの実施時期等）
第34条の2の7　リスクアセスメントは、次に掲げる時期に行うものとする。
一　リスクアセスメント対象物を原材料等として新規に採用し、又は変更するとき。
二　リスクアセスメント対象物を製造し、又は取り扱う業務に係る作業の方法又は手順を新規に採用し、又は変更するとき。
三　前2号に掲げるもののほか、リスクアセスメント対象物による危険性又は有害性等について変化が生じ、又は生ずるおそれがあるとき。
2　リスクアセスメントは、リスクアセスメント対象物を製造し、又は取り扱う業務ごとに、次に掲げるいずれかの方法（リスクアセスメントのうち危険性に係るものにあつては、第1号又は第3号（第1号に係る部分に限る。）に掲げる方法に限る。）により、又はこれらの方法の併用により行わなければならない。
一　当該リスクアセスメント対象物が当該業務に従事する労働者に危険を及ぼし、又は当該リスクアセスメント対象物により当該労働者の健康障害を生ずるおそれの程度及び当該危険又は健康障害の程度を考慮する方法
二　当該業務に従事する労働者が当該リスクアセスメント対象物にさらされる程度及び当該リスクアセスメント対象物の有害性の程度を考慮する方法
三　前2号に掲げる方法に準ずる方法

（リスクアセスメントの結果等の記録及び保存並びに周知）
第34条の2の8　事業者は、リスクアセスメントを行つたときは、次に掲げる事項について、記録を作成し、次にリスクアセスメントを行うまでの期間（リスクアセスメントを行つた日から起算して3年以内に当該リスクアセスメント対象物についてリスクアセスメントを行つたときは、3年間）保存するとともに、当該事項を、リスクアセスメント対象物を製造し、又は取り扱う業務に従事する労働者に周知させなければならない。
一　当該リスクアセスメント対象物の名称
二　当該業務の内容
三　当該リスクアセスメントの結果
四　当該リスクアセスメントの結果に基づき事業者が講ずる労働者の危険又は健康障害を防止するため必要な措置の内容
2　前項の規定による周知は、次に掲げるいずれかの方法により行うものとする。

一　当該リスクアセスメント対象物を製造し、又は取り扱う各作業場の見やすい場所に常時掲示し、又は備え付けること。
二　書面を、当該リスクアセスメント対象物を製造し、又は取り扱う業務に従事する労働者に交付すること。
三　事業者の使用に係る電子計算機に備えられたファイル又は電磁的記録媒体をもつて調製するファイルに記録し、かつ、当該リスクアセスメント対象物を製造し、又は取り扱う各作業場に、当該リスクアセスメント対象物を製造し、又は取り扱う業務に従事する労働者が当該記録の内容を常時確認できる機器を設置すること。

（疾病の報告）
第 97 条の 2　事業者は、化学物質又は化学物質を含有する製剤を製造し、又は取り扱う業務を行う事業場において、1 年以内に 2 人以上の労働者が同種のがんに罹患したことを把握したときは、当該罹患が業務に起因するかどうかについて、遅滞なく、医師の意見を聴かなければならない。
2　事業者は、前項の医師が、同項の罹患が業務に起因するものと疑われると判断したときは、遅滞なく、次に掲げる事項について、所轄都道府県労働局長に報告しなければならない。
一　がんに罹患した労働者が当該事業場で従事した業務において製造し、又は取り扱つた化学物質の名称（化学物質を含有する製剤にあつては、当該製剤が含有する化学物質の名称）
二　がんに罹患した労働者が当該事業場において従事していた業務の内容及び当該業務に従事していた期間
三　がんに罹患した労働者の年齢及び性別

（ばく露の程度の低減等）
第 577 条の 2　事業者は、リスクアセスメント対象物を製造し、又は取り扱う事業場において、リスクアセスメントの結果等に基づき、労働者の健康障害を防止するため、代替物の使用、発散源を密閉する設備、局所排気装置又は全体換気装置の設置及び稼働、作業の方法の改善、有効な呼吸用保護具を使用させること等必要な措置を講ずることにより、リスクアセスメント対象物に労働者がばく露される程度を最小限度にしなければならない。
2　事業者は、リスクアセスメント対象物のうち、一定程度のばく露に抑えることにより、労働者に健康障害を生ずるおそれがない物として厚生労働大臣が定めるものを製造し、又は取り扱う業務（主として一般消費者の生活の用に供される製品に係るものを除く。）を行う屋内作業場においては、当該業務に従事する労働者がこれらの物にばく露される程度を、厚生労働大臣が定める濃度の基準以下としなければならない。
3　事業者は、リスクアセスメント対象物を製造し、又は取り扱う業務に常時従事する労働者に対し、法第 66 条の規定による健康診断のほか、リスクアセスメント対象物に係るリスクアセスメントの結果に基づき、関係労働者の意見を聴き、必要があると認めるときは、医師又は歯科医師が必要と認める項目について、医師又は歯科医師による健康診断を行わなければならない。
4　事業者は、第 2 項の業務に従事する労働者が、同項の厚生労働大臣が定める濃度の基準を超えてリスクアセスメント対象物にばく露したおそれがあるときは、速やかに、当該労働者に対し、医師又は歯科医師が必要と認める項目について、医師又は歯科医師による健康診断を行わなければならない。
5　事業者は、前 2 項の健康診断（以下この条において「リスクアセスメント対象物健康診断」という。）を行つたときは、リスクアセスメント対象物健康診断の結果に基づき、リスクアセスメント対象物健康診断個人票（様式第 24 号の 2）を作成し、これを 5 年間（リスクアセスメント対象物健康診断に係るリスクアセスメント対象物ががん原性がある物として厚生労働大臣が定めるもの（以下「がん原性物

質」という。）である場合は、30年間）保存しなければならない。
6 　事業者は、リスクアセスメント対象物健康診断の結果（リスクアセスメント対象物健康診断の項目に異常の所見があると診断された労働者に係るものに限る。）に基づき、当該労働者の健康を保持するために必要な措置について、次に定めるところにより、医師又は歯科医師の意見を聴かなければならない。
　一　リスクアセスメント対象物健康診断が行われた日から3月以内に行うこと。
　二　聴取した医師又は歯科医師の意見をリスクアセスメント対象物健康診断個人票に記載すること。
7 　事業者は、医師又は歯科医師から、前項の意見聴取を行う上で必要となる労働者の業務に関する情報を求められたときは、速やかに、これを提供しなければならない。
8 　事業者は、第6項の規定による医師又は歯科医師の意見を勘案し、その必要があると認めるときは、当該労働者の実情を考慮して、就業場所の変更、作業の転換、労働時間の短縮等の措置を講ずるほか、作業環境測定の実施、施設又は設備の設置又は整備、衛生委員会又は安全衛生委員会への当該医師又は歯科医師の意見の報告その他の適切な措置を講じなければならない。
9 　事業者は、リスクアセスメント対象物健康診断を受けた労働者に対し、遅滞なく、リスクアセスメント対象物健康診断の結果を通知しなければならない。
10　事業者は、第1項、第2項及び第8項の規定により講じた措置について、関係労働者の意見を聴くための機会を設けなければならない。
11　事業者は、次に掲げる事項（第3号については、がん原性物質を製造し、又は取り扱う業務に従事する労働者に限る。）について、1年を超えない期間ごとに1回、定期に、記録を作成し、当該記録を3年間（第2号（リスクアセスメント対象物ががん原性物質である場合に限る。）及び第3号については、30年間）保存するとともに、第1号及び第4号の事項について、リスクアセスメント対象物を製造し、又は取り扱う業務に従事する労働者に周知させなければならない。
　一　第1項、第2項及び第8項の規定により講じた措置の状況
　二　リスクアセスメント対象物を製造し、又は取り扱う業務に従事する労働者のリスクアセスメント対象物のばく露の状況
　三　労働者の氏名、従事した作業の概要及び当該作業に従事した期間並びにがん原性物質により著しく汚染される事態が生じたときはその概要及び事業者が講じた応急の措置の概要
　四　前項の規定による関係労働者の意見の聴取状況
12　前項の規定による周知は、次に掲げるいずれかの方法により行うものとする。
　一　当該リスクアセスメント対象物を製造し、又は取り扱う各作業場の見やすい場所に常時掲示し、又は備え付けること。
　二　書面を、当該リスクアセスメント対象物を製造し、又は取り扱う業務に従事する労働者に交付すること。
　三　事業者の使用に係る電子計算機に備えられたファイル又は電磁的記録媒体をもつて調製するファイルに記録し、かつ、当該リスクアセスメント対象物を製造し、又は取り扱う各作業場に、当該リスクアセスメント対象物を製造し、又は取り扱う業務に従事する労働者が当該記録の内容を常時確認できる機器を設置すること。

第577条の3　事業者は、リスクアセスメント対象物以外の化学物質を製造し、又は取り扱う事業場において、リスクアセスメント対象物以外の化学物質に係る危険性又は有害性等の調査の結果等に基づき、労働者の健康障害を防止するため、代替物の使用、発散源を密閉する設備、局所排気装置又は全体換気装置の設置及び稼働、作業の方法の改善、有効な保護具を使用させること等必要な措置を講ずることにより、労働者がリスクアセスメント対象物以外の化学物質にばく露される程度を最小限度にするよ

う努めなければならない。

(皮膚障害等防止用の保護具)
第594条 事業者は、皮膚若しくは眼に障害を与える物を取り扱う業務又は有害物が皮膚から吸収され、若しくは侵入して、健康障害若しくは感染をおこすおそれのある業務においては、当該業務に従事する労働者に使用させるために、塗布剤、不浸透性の保護衣、保護手袋、履物又は保護眼鏡等適切な保護具を備えなければならない。
2　事業者は、前項の業務の一部を請負人に請け負わせるときは、当該請負人に対し、塗布剤、不浸透性の保護衣、保護手袋、履物又は保護眼鏡等適切な保護具について、備えておくこと等によりこれらを使用することができるようにする必要がある旨を周知させなければならない。

第594条の2　事業者は、化学物質又は化学物質を含有する製剤（皮膚若しくは眼に障害を与えるおそれ又は皮膚から吸収され、若しくは皮膚に侵入して、健康障害を生ずるおそれがあることが明らかなものに限る。以下「皮膚等障害化学物質等」という。）を製造し、又は取り扱う業務（法及びこれに基づく命令の規定により労働者に保護具を使用させなければならない業務及び皮膚等障害化学物質等を密閉して製造し、又は取り扱う業務を除く。）に労働者を従事させるときは、不浸透性の保護衣、保護手袋、履物又は保護眼鏡等適切な保護具を使用させなければならない。
2　事業者は、前項の業務の一部を請負人に請け負わせるときは、当該請負人に対し、同項の保護具を使用する必要がある旨を周知させなければならない。

第594条の3　事業者は、化学物質又は化学物質を含有する製剤（皮膚等障害化学物質等及び皮膚若しくは眼に障害を与えるおそれ又は皮膚から吸収され、若しくは皮膚に侵入して、健康障害を生ずるおそれがないことが明らかなものを除く。）を製造し、又は取り扱う業務（法及びこれに基づく命令の規定により労働者に保護具を使用させなければならない業務及びこれらの物を密閉して製造し、又は取り扱う業務を除く。）に労働者を従事させるときは、当該労働者に保護衣、保護手袋、履物又は保護眼鏡等適切な保護具を使用させるよう努めなければならない。
2　事業者は、前項の業務の一部を請負人に請け負わせるときは、当該請負人に対し、同項の保護具について、これらを使用する必要がある旨を周知させるよう努めなければならない。

(保護具の数等)
第596条　事業者は、第593条第1項、第594条第1項、第594条の2第1項及び前条第1項に規定する保護具については、同時に就業する労働者の人数と同数以上を備え、常時有効かつ清潔に保持しなければならない。

(労働者の使用義務)
第597条　第593条第1項、第594条第1項、第594条の2第1項及び第595条第1項に規定する業務に従事する労働者は、事業者から当該業務に必要な保護具の使用を命じられたときは、当該保護具を使用しなければならない。

資料 1-2
リスクアセスメント対象物健康診断に関するガイドライン

第1　趣旨・目的

　　本ガイドラインは、労働安全衛生規則等の一部を改正する省令（令和4年厚生労働省令第91号）による改正後の労働安全衛生規則（昭和47年労働省令第32号。以下「安衛則」という。）第577条の2第3項及び第4項に規定する医師又は歯科医師による健康診断（以下「リスクアセスメント対象物健康診断」という。）に関して、事業者、労働者、産業医、健康診断実施機関及び健康診断の実施に関わる医師又は歯科医師（以下「医師等」という。）が、リスクアセスメント対象物健康診断の趣旨・目的を正しく理解し、その適切な実施が図られるよう、基本的な考え方及び留意すべき事項を示したものである。

第2　基本的な考え方

　　リスクアセスメント対象物健康診断のうち、安衛則第577条の2第3項に基づく健康診断（以下「第3項健診」という。）は、有機溶剤中毒予防規則（昭和47年労働省令第36号）第29条に基づく特殊健康診断等のように、特定の業務に常時従事する労働者に対して一律に健康診断の実施を求めるものではなく、事業者による自律的な化学物質管理の一環として、労働安全衛生法（昭和47年法律第57号）第57条の3第1項に規定する化学物質の危険性又は有害性等の調査（以下「リスクアセスメント」といい、化学物質等による危険性又は有害性等の調査等に関する指針（令和5年4月27日付け危険性又は有害性等の調査等に関する指針公示第4号）に従って実施するものをいう。）の結果に基づき、当該化学物質のばく露による健康障害発生リスク（健康障害を発生させるおそれをいう。以下同じ。）が高いと判断された労働者に対し、医師等が必要と認める項目について、健康障害発生リスクの程度及び有害性の種類に応じた頻度で実施するものである。

　　化学物質による健康障害を防止するためには、工学的対策、管理的対策、保護具の使用等により、ばく露そのものをなくす又は低減する措置（以下「ばく露防止対策」という。）を講じなければならず、これらのばく露防止対策が適切に実施され、労働者の健康障害発生リスクが許容される範囲を超えないと事業者が判断すれば、基本的にはリスクアセスメント対象物健康診断を実施する必要はない。なお、これらのばく露防止対策を十分に行わず、リスクアセスメント対象物健康診断で労働者のばく露防止対策を補うという考え方は適切ではない。

第3　留意すべき事項

1　リスクアセスメント対象物健康診断の種類と目的

（1）安衛則第577条の2第3項に基づく健康診断

　　　第3項健診は、リスクアセスメント対象物に係るリスクアセスメントにおいて健康障害発生リスクを評価した結果、その健康障害発生リスクが許容される範囲を超えると判断された場合に、関係労働者の意見を聴き、必要があると認められた者について、当該リスクアセスメント対象物による健康影響を確認するために実施するものである。

　　　なお、リスクアセスメント対象物を製造し、又は取り扱う事業場においては、安衛則第577条の2第1項の規定により、労働者がリスクアセスメント対象物にばく露される程度を最小限度にしなければならないとされており、労働者の健康障害発生リスクが許容される範囲を超えるような状態で、労働者を作業に従事させるようなことは避けるべきであることに留意すること。

（2）安衛則第577条の2第4項に基づく健康診断

　　　安衛則第577条の2第4項に基づく健康診断（以下「第4項健診」という。）は、安衛則第577

条の2第2項に規定する厚生労働大臣が定める濃度の基準（以下「濃度基準値」といい、労働安全衛生規則第577条の2第2項の規定に基づき厚生労働大臣が定める物及び厚生労働大臣が定める濃度の基準（令和5年厚生労働省告示第177号。以下「濃度基準告示」という。）に規定する八時間濃度基準値又は短時間濃度基準値をいう。）があるリスクアセスメント対象物について、濃度基準値を超えてばく露したおそれがある労働者に対し、当該リスクアセスメント対象物による健康影響（八時間濃度基準値を超えてばく露したおそれがある場合で急性の健康影響が発生している可能性が低いと考えられる場合は主として急性以外の健康影響（遅発性健康障害を含む。）、短時間濃度基準値を超えてばく露したおそれがある場合は主として急性の健康影響）を速やかに確認するために実施するものである。

なお、安衛則第577条の2第2項の規定により、当該リスクアセスメント対象物について、濃度基準値を超えてばく露することはあってはならないことから、第4項健診は、ばく露の程度を抑制するための局所排気装置が正常に稼働していない又は使用されているはずの呼吸用保護具が使用されていないなど何らかの異常事態が判明した場合及び漏洩事故等により濃度基準値がある物質に大量ばく露した場合など、労働者が濃度基準値を超えて当該リスクアセスメント対象物にばく露したおそれが生じた場合に実施する趣旨であること。

2　リスクアセスメント対象物健康診断の実施の要否の判断方法

リスクアセスメント対象物健康診断の実施の要否は、労働者の化学物質のばく露による健康障害発生リスクを評価して判断する必要がある。

（1）第3項健診の実施の要否の判断の考え方

第3項健診の実施の要否の判断は、リスクアセスメントにおいて、以下の状況を勘案して、労働者の健康障害発生リスクを評価し、当該労働者の健康障害発生リスクが許容できる範囲を超えるか否か検討することが適当である。

・当該化学物質の有害性及びその程度
・ばく露の程度（呼吸用保護具を使用していない場合は労働者が呼吸する空気中の化学物質の濃度（以下「呼吸域の濃度」という。）、呼吸用保護具を使用している場合は、呼吸用保護具の内側の濃度（呼吸域の濃度を呼吸用保護具の指定防護係数で除したもの）で表される。以下同じ。）や取扱量
・労働者のばく露履歴（作業期間、作業頻度、作業（ばく露）時間）
・作業の負荷の程度
・工学的措置（局所排気装置等）の実施状況（正常に稼働しているか等）
・呼吸用保護具の使用状況（要求防護係数による選択状況、定期的なフィットテストの実施状況）
・取扱方法（皮膚等障害化学物質等（皮膚若しくは眼に障害を与えるおそれ又は皮膚から吸収され、若しくは皮膚に侵入して、健康障害を生ずるおそれがあることが明らかな化学物質をいう。）を取り扱う場合、不浸透性の保護具の使用状況、直接接触するおそれの有無や頻度）

第3項健診の実施の要否を判断するタイミングについて、過去にリスクアセスメントを実施して以降、作業の方法や取扱量等に変化がないこと等から、リスクアセスメントを実施していない場合は、過去に実施したリスクアセスメントの結果に基づき、実施の要否を判断する必要があるので、安衛則第577条の2第11項に基づく記録の作成（同項の規定では、リスクアセスメントの結果に基づき講じたリスク低減措置や労働者のリスクアセスメント対象物へのばく露の状況等について、1年を超えない期間ごとに1回、定期に記録を作成することが義務づけられている。）の時期に、労働者のリスクアセスメント対象物へのばく露の状況、工学的措置や保護具使用が適正になされているかを確認し、第3項健診の実施の要否を判断することが望ましい。また、過去に一

度もリスクアセスメントを実施したことがない場合は、安衛則第 577 条の2第3項及び第4項の施行後1年以内にリスクアセスメントを実施し、第3項健診の実施の要否を判断することが望ましい。なお、第3項健診の実施の要否を判断したときは、その判断根拠について記録を作成し、保存しておくことが望ましい。

さらに、第3項健診の実施の要否を判断した後も、安衛則第 577 条の2第 11 項に基づく記録の作成の時期などを捉え、事業者は、前回のリスクアセスメントを実施した時点の作業条件等から変化がないことを定期的に確認し、作業条件等に変化がある場合は、リスクアセスメントを再実施し、第3項健診の実施の要否を判断し直すこと。

(注1) 以下のいずれかに該当する場合は、健康障害発生リスクが高いことが想定されるため、健康診断（①及び②については、経気道ばく露を想定しているため、歯科医師による健康診断を含むが、③及び④については、皮膚へのばく露を想定しているため、歯科医師による健康診断は含まない。）を実施することが望ましい。

①濃度基準値がある物質について、労働者のばく露の程度が第4項健診の対象とならないものであっても、八時間濃度基準値を超える短時間ばく露が1日に5回以上ある場合等、濃度基準告示第3号に規定する努力義務を満たしていない場合

②濃度基準値がない物質について、以下に掲げる場合を含めて、工学的措置や呼吸用保護具でのばく露の制御が不十分と判断される場合

　ア　リスク低減措置（リスクアセスメントを実施し、その結果に基づき講じられる労働者の危険又は健康障害を防止するための必要な措置をいう。以下同じ。）としてばく露の程度を抑制するための工学的措置が必要とされている場合に、当該措置が適切に稼働していない（局所排気装置が正常に稼働していない等）場合

　イ　リスク低減措置として呼吸用保護具の使用が必要とされる場合に、呼吸用保護具を使用していない場合

　ウ　リスク低減措置として呼吸用保護具を使用している場合に、呼吸用保護具の使用方法が不適切で要求防護係数を満たしていないと考えられる場合

③不浸透性の保護手袋等の保護具を適切に使用せず、皮膚吸収性有害物質（皮膚から吸収され、又は皮膚に侵入して、健康障害を生ずるおそれがあることが明らかな化学物質をいう（皮膚吸収性有害物質の一覧については、皮膚等障害化学物質等に該当する化学物質について（令和5年7月4日付け基発 0704 第1号）を参照のこと。）。以下同じ。）に直接触れる作業を行っている場合

④不浸透性の保護手袋等の保護具を適切に使用せず、皮膚刺激性有害物質（皮膚又は眼に障害を与えるおそれのある化学物質をいう（皮膚刺激性有害物質を含めた一覧については、厚生労働省のホームページに掲載の「皮膚等障害化学物質（労働安全衛生規則第 594 条の2（令和6年4月1日施行））及び特別規則に基づく不浸透性の保護具等の使用義務物質リスト」(https://www.mhlw.go.jp/stf/seisakunitsuite/bunya/0000099121_00005.html) を参照のこと。）。以下同じ。）に直接触れる作業を行っている場合

⑤濃度基準値がない物質について、漏洩事故等により、大量ばく露した場合

　（注）この場合、まずは医師等の診察を受けることが望ましい。

⑥リスク低減措置が適切に講じられているにも関わらず、当該化学物質による可能性がある体調不良者が出るなど何らかの健康障害が顕在化した場合

(注2) 濃度基準値がないリスクアセスメント対象物には、発がんが確率的影響であることから、長期的な健康影響が発生しない安全な閾値である濃度基準値を定めることが困難なため濃度基準値を設定していない発がん性物質も含まれており、このような遅発性の健康障害のおそれが

ある物質については、過去の当該物質のばく露履歴（ばく露の程度、ばく露期間、保護具の着用状況等）を考慮し、リスクアセスメント対象物健康診断の実施の要否について検討する必要がある。

（注３）濃度基準値がないリスクアセスメント対象物には、職業性ばく露限界値等（日本産業衛生学会の許容濃度、米国政府労働衛生専門家会議 ACGIH）のばく露限界値（TLV-TWA）等をいう。以下同じ。）は設定されているが濃度基準値が検討中であり、そのため濃度基準値が設定されていない物質も含まれている。当該物質については、濃度基準値が設定されるまでの間は、職業性ばく露限界値等を参考にリスクアセスメントを実施することが推奨されている（労働安全衛生規則等の一部を改正する省令等の施行について（令和４年５月31日付け基発0531第９号）第４の７）ため、リスクアセスメント対象物健康診断の実施の要否の判断においては、当該職業性ばく露限界値等を超えてばく露したおそれがあるか否かを判断基準とすることが望ましい。

（注４）リスクアセスメント対象物健康診断のうち、歯科領域に係るものについては、歯科領域への影響について確立されたリスク評価手法が現時点ではないこと、歯科領域のリスクアセスメント対象物健康診断の対象である５物質（クロルスルホン酸、三臭化ほう素、５,５－ジフェニル－２,４－イミダゾリジンジオン、臭化水素及び発煙硫酸）については、歯科領域への影響がそれ以外の臓器等への健康影響よりも低い濃度で発生するエビデンスが明確ではないことから、歯科領域以外の健康障害発生リスクの評価に基づいて行われるリスクアセスメント対象物健康診断の実施の要否の判断に準じて、歯科領域に関する検査の実施の要否を判断することが適切である。

（注５）健康診断の実施の要否の判断に際して、産業医を選任している事業場においては、必要に応じて、産業医の意見を聴取すること。産業医を選任していない小規模事業場においては、本社等で産業医を選任している場合は当該産業医、それ以外の場合は、健康診断実施機関、産業保健総合支援センター又は地域産業保健センターに必要に応じて相談することも考えられる。その際、これらの者が事業場のリスクアセスメント対象物に関する状況を具体的に把握した上で助言できるよう、事業場において使用している化学物質の種類、作業内容、作業環境等の情報を提供すること。

（注６）同一の作業場所で複数の事業者が化学物質を取り扱う作業を行っている場合であって、作業環境管理等を実質的に他の事業者が行っている場合等においては、作業環境管理等に関する情報を事業者間で共有し、連携してリスクアセスメントを実施するなど、健康診断の実施の要否を判断するための必要な情報収集において、十分な連携を図ること。

（２）第４項健診の実施の要否の判断の考え方

　第４項健診については、以下のいずれかに該当する場合は、労働者が濃度基準値を超えてばく露したおそれがあることから、速やかに実施する必要がある。

・リスクアセスメントにおける実測（数理モデルで推計した呼吸域の濃度が濃度基準値の２分の１程度を超える等により事業者が行う確認測定（化学物質による健康障害防止のための濃度の基準の適用等に関する技術上の指針（令和５年４月27日付け技術上の指針公示第24号））の濃度を含む。）、数理モデルによる呼吸域の濃度の推計又は定期的な濃度測定による呼吸域の濃度が、濃度基準値を超えていることから、労働者のばく露の程度を濃度基準値以下に抑制するために局所排気装置等の工学的措置の実施又は呼吸用保護具の使用等の対策を講じる必要があるにも関わらず、以下に該当する状況が生じた場合

①工学的措置が適切に実施されていない（局所排気装置が正常に稼働していない等）ことが判明した場合

②労働者が必要な呼吸用保護具を使用していないことが判明した場合

③労働者による呼吸用保護具の使用方法が不適切で要求防護係数が満たされていないと考えられる場合

④その他、工学的措置や呼吸用保護具でのばく露の制御が不十分な状況が生じていることが判明した場合

・漏洩事故等により、濃度基準値がある物質に大量ばく露した場合
（注）この場合、まずは医師等の診察を受けることが望ましい。

3 リスクアセスメント対象物健康診断を実施する場合の対象者の選定方法等
（1）対象者の選定方法

リスクアセスメント対象物健康診断を実施する場合の対象者の選定は、個人ごとに健康障害発生リスクの評価を行い、個人ごとに健康診断の実施の要否を判断することが原則であるが、同様の作業を行っている労働者についてはまとめて評価・判断することも可能である。また、漏洩事故等によるばく露の場合は、ばく露した労働者のみを対象者としてよいこと。

なお、安衛則第577条の2第3項に規定される「リスクアセスメント対象物を製造し、又は取り扱う業務に常時従事する労働者」には、当該業務に従事する時間や頻度が少なくても、反復される作業に従事している者を含むこと。

（2）労働者に対する事前説明

リスクアセスメント対象物健康診断は、検査項目が法令で定められていないことから、当該健康診断を実施する際には、当該健康診断の対象となる労働者に対し、設定した検査項目について、その理由を説明することが望ましい。なお、労働者に対する説明は、労働者に対する口頭やメールによる通知のほか、事業場のイントラネットでの掲載、パンフレットの配布、事業場の担当窓口の備付け、掲示板への掲示等があり、労働者本人に認識される合理的かつ適切な方法で行う必要があること。

また、リスクアセスメント対象物健康診断は、健康障害の早期発見のためにも、実施が必要な労働者は受診することが重要であるから、事業者は関係労働者に対し、あらかじめその旨説明しておくことが望ましい。ただし、事業者は、当該健康診断の対象となる労働者が受診しないことを理由に、当該労働者に対して不利益な取扱いを行ってはならない。

4 リスクアセスメント対象物健康診断の実施頻度及び実施時期
（1）第3項健診の実施頻度

第3項健診の実施頻度は、健康障害発生リスクの程度に応じて、産業医を選任している事業場においては産業医、選任していない事業場においては医師等の意見に基づき事業者が判断すること。具体的な実施頻度は、例えば以下のように設定することが考えられる。

①皮膚腐食性／刺激性、眼に対する重篤な損傷性／眼刺激性、呼吸器感作性、皮膚感作性、特定標的臓器毒性（単回ばく露）による急性の健康障害発生リスクが許容される範囲を超えると判断された場合：6月以内に1回（ばく露低減対策を講じても、健康障害発生リスクが許容される範囲を超える状態が継続している場合は、継続して6月以内ごとに1回実施する必要がある。）

②がん原性物質（労働安全衛生規則第577条の2第3項の規定に基づきがん原性がある物として厚生労働大臣が定めるもの（令和4年厚生労働省告示第371号）により、がん原性があるものとして厚生労働大臣が定めるものをいう。以下同じ。）又は国が行うGHS分類の結果、発がん性の区分が区分1に該当する化学物質にばく露し、健康障害発生リスクが許容される範囲を超えると判断された場合：業務におけるばく露があり、健康障害発生リスクが高い労働者を対象とすることから、がん種によらず1年以内ごとに1回（ばく露低減対策により健康障害発生リス

クが許容される範囲を超えない状態に改善した場合も、産業医を選任している事業場においては産業医、選任していない事業場においては医師等の意見も踏まえ、必要な期間継続的に実施することを検討すること。）

③ 上記①、②以外の健康障害（歯科領域の健康障害を含む。）発生リスクが許容される範囲を超えると判断された場合：3年以内ごとに1回（ばく露低減対策により健康障害発生リスクが許容される範囲を超えない状態に改善した場合も、産業医を選任している事業場においては産業医、選任していない事業場においては医師等の意見も踏まえ、必要な期間継続的に実施することを検討すること。）

（2）第4項健診の実施時期

なお、第4項健診は、濃度基準値を超えてばく露したおそれが生じた時点で、事業者及び健康診断実施機関等の調整により合理的に実施可能な範囲で、速やかに実施する必要があること。また、濃度基準値以下となるよう有効なリスク低減措置を講じた後においても、急性以外の健康障害（遅発性健康障害を含む。）が懸念される場合は、産業医を選任している事業場においては産業医、選任していない事業場においては医師等の意見も踏まえ、必要な期間継続的に健康診断を実施することを検討すること。

5　リスクアセスメント対象物健康診断の検査項目
（1）検査項目の設定に当たって参照すべき有害性情報

リスクアセスメント対象物健康診断を実施する医師等は、事業者からの依頼を受けて検査項目を設定するに当たっては、まず濃度基準値がある物質の場合には濃度基準値の根拠となった一次文献における有害性情報（当該有害性情報は、厚生労働省ホームページに順次追加される「化学物質管理に係る専門家検討会報告書」から入手可能）を参照すること。それに加えて、濃度基準値がない物質も含めてSDSに記載されたGHS分類に基づく有害性区分及び有害性情報を参照すること。

その際、GHS分類に基づく有害性区分のうち、以下のア～エに掲げるものについては、以下のとおりの取扱いとすること。

ア　急性毒性

GHS分類における急性毒性は定期的な検査になじまないため、急性の健康障害に関する検査項目の設定は、特定標的臓器毒性（単回ばく露）、皮膚腐食性／刺激性、眼に対する重篤な損傷性／眼刺激性、呼吸器感作性、皮膚感作性等のうち急性の健康影響を参照すること。

イ　生殖細胞変異原性及び誤えん有害性

検査項目の設定が困難であることから、検査の対象から除外すること。

ウ　発がん性

検査項目の設定のためのエビデンスが十分でないがん種については、対象から除外すること。

エ　生殖毒性

職業ばく露による健康影響を確認するためのスクリーニング検査の実施方法が確立していないことから、生殖毒性に係る検査は一般的には推奨されない。なお、生殖毒性に係る検査を実施する場合は、労働者に対する身体的・心理的負担を考慮して検査方法を選択するとともに、業務とは直接関係のない個人のプライバシーに留意する必要があることから、労使で十分に話し合うことが重要であること。

歯科領域のリスクアセスメント対象物健康診断は、GHS分類において歯科領域の有害性情報があるもののうち、職業性ばく露による歯科領域への影響が想定され、既存の健康診断の対象となっていないクロルスルホン酸、三臭化ほう素、5,5－ジフェニル－2,4－イミダゾリジンジオン、

臭化水素及び発煙硫酸の5物質を対象とすること。歯科領域での検査項目の設定においては、まずは現時点でのGHS分類において記載のある歯牙及び歯肉を含む支持組織への影響を考慮することとする。

（2）検査項目の設定方法

リスクアセスメント対象物健康診断を実施する医師等は、検査項目を設定するに当たっては、以下の点に留意すること。

①特殊健康診断の一次健康診断及び二次健康診断の考え方を参考としつつ、スクリーニング検査として実施する検査と、確定診断等を目的とした検査との目的の違いを認識し、リスクアセスメント対象物健康診断としてはスクリーニングとして必要と考えられる検査項目を実施すること。

②労働者にとって過度な侵襲となる検査項目や事業者にとって過度な経済的負担となる検査項目は、その検査の実施の有用性等に鑑み慎重に検討、判断すべきであること。

以上を踏まえ、具体的な検査項目の設定に当たっては、以下の考え方を参考とすること。

（ア）第3項健診の検査項目

業務歴の調査、作業条件の簡易な調査等によるばく露の評価及び自他覚症状の有無の検査等を実施する。必要と判断された場合には、標的とする健康影響に関するスクリーニングに係る検査項目を設定する。

（イ）第4項健診の検査項目

「八時間濃度基準値」を超えてばく露した場合で、ただちに健康影響が発生している可能性が低いと考えられる場合は、業務歴の調査、作業条件の簡易な調査等によるばく露の評価及び自他覚症状の有無の検査等を実施する。ばく露の程度を評価することを目的に生物学的ばく露モニタリング等が有効であると判断される場合は、その実施も推奨される。また、長期にわたるばく露があるなど、健康影響の発生が懸念される場合には、急性以外の標的影響（遅発性健康障害を含む。）のスクリーニングに係る検査項目を設定する。

「短時間濃度基準値（天井値を含む。）」を超えてばく露した場合は、主として急性の影響に関する検査項目を設定する。ばく露の程度を評価することを目的に生物学的ばく露モニタリング等が有効であると判断される場合は、その実施も推奨される。

（ウ）歯科領域の検査項目

スクリーニングとしての歯科領域に係る検査項目は、歯科医師による問診及び歯牙・口腔内の視診とする。

6　配置前及び配置転換後の健康診断

リスクアセスメント対象物健康診断には、配置前の健康診断は含まれていないが、配置前の健康状態を把握しておくことが有意義であることから、一般健康診断で実施している自他覚症状の有無の検査等により健康状態を把握する方法が考えられる。

また、化学物質による遅発性の健康障害が懸念される場合には、配置転換後であっても、例えば一定期間経過後等、必要に応じて、医師等の判断に基づき定期的に健康診断を実施することが望ましい。配置転換後に健康診断を実施したときは、リスクアセスメント対象物健康診断に準じて、健康診断結果の個人票を作成し、同様の期間保存しておくことが望ましい。

7　リスクアセスメント対象物健康診断の対象とならない労働者に対する対応

リスクアセスメント対象物健康診断の対象とならない労働者としては、以下が挙げられる。

①リスクアセスメント対象物以外の化学物質を製造し、又は取り扱う業務に従事する労働者

②リスクアセスメント対象物に係るリスクアセスメントの結果、健康障害発生リスクが許容される範

囲を超えないと判断された労働者

　これらの労働者については、安衛則第44条第1項に基づく定期健康診断で実施されている業務歴の調査や自他覚症状の有無の検査において、化学物質を取り扱う業務による所見等の有無について留意することが望ましい。また、労働者について業務による健康影響が疑われた場合は、当該労働者については早期の医師等の診察の受診を促し、②の労働者と同様の作業を行っている労働者については、リスクアセスメントの再実施及びその結果に基づくリスクアセスメント対象物健康診断の実施を検討すること。

　なお、これらの対応が適切に行われるよう、事業者は定期健康診断を実施する医師等に対し、関係労働者に関する化学物質の取扱い状況の情報を提供することが望ましい。また、健康診断を実施する医師等が、同様の作業を行っている労働者ごとに自他覚症状を集団的に評価し、健康影響の集積発生や検査結果の変動等を把握することも、異常の早期発見の手段の一つと考えられる。

8　リスクアセスメント対象物健康診断の費用負担

　リスクアセスメント対象物健康診断は、リスクアセスメント対象物を製造し、又は取り扱う業務による健康障害発生リスクがある労働者に対して実施するものであることから、その費用は事業者が負担しなければならないこと。また、派遣労働者については、派遣先事業者にリスクアセスメント対象物健康診断の実施義務があることから、その費用は派遣先事業者が負担しなければならないこと。

　なお、リスクアセスメント対象物健康診断の受診に要する時間の賃金については、労働時間として事業者が支払う必要があること。

9　既存の特殊健康診断との関係について

　特殊健康診断の実施が義務づけられている物質及び安衛則第48条に基づく歯科健康診断の実施が義務づけられている物質については、リスクアセスメント対象物健康診断を重複して実施する必要はないこと。

資料 1-3
リスクアセスメント対象物健康診断に係るガイダンス　暫定版（化学物質の自律的な管理における健康診断に関する検討報告書（追補版））

2024年3月1日
化学物質の自律的な管理における健康影響モニタリングにかかる専門家会議
独立行政法人労働者健康安全機構労働安全衛生総合研究所
化学物質情報管理研究センター

１．経緯と目的

　令和4年5月31日に発出された「労働安全衛生規則等の一部を改正する省令」（令和4年厚生労働省令第91号）において、労働安全衛生法（以下、「法」という。）第57条の3第1項の危険性又は有害性等の調査が改めて「リスクアセスメント」と定義され（労働安全衛生規則（以下、「則」という。）第34条の2の7）、またリスクアセスメントをしなければならない物質として、労働安全衛生法施行令（以下、「令」という。）第18条各号に掲げる物及び法第57条の2第1項に規定する通知対象物についても、新たに「リスクアセスメント対象物」と定義された。更に、「事業者は、リスクアセスメント対象物を製造し、又は取り扱う業務に常時従事する労働者に対し、法第66条の規定による健康診断のほか、リスクアセスメント対象物に係るリスクアセスメントの結果に基づき、関係労働者の意見を聴き、必要があると認めるときは、医師又は歯科医師が必要と認める項目について、医師又は歯科医師による健康診断を行わなければならない。（則第577条の2第3項）」「事業者は、第2項の業務に従事する労働者が、同項の厚生労働大臣が定める濃度の基準を超えてリスクアセスメント対象物にばく露したおそれがあるときは、速やかに、当該労働者に対し、医師又は歯科医師が必要と認める項目について、医師又は歯科医師による健康診断を行わなければならない。（則第577条の2第4項）」と規定され、またこれら2種類の健康診断が「リスクアセスメント対象物健康診断」と定義された（則第577条の2第5項）。

　この法令の公示を受け、リスクアセスメント対象物健康診断に係る具体的な実施方法に関するガイドラインが必要とされたことから、独立行政法人労働者健康安全機構労働安全衛生総合研究所（以下、「安衛研」という。）において「化学物質の自律的な管理における健康影響モニタリングに係る専門家会議（以下、「本専門家会議」という。）」が設置され、令和4年8月に提出された本専門家会議報告書を基に、令和5年10月17日にリスクアセスメント対象物健康診断に関するガイドライン（以下、「ガイドライン」という。）が公表された。

　当該報告書およびガイドラインは、リスクアセスメント対象物健康診断を実施するに際しての基本的な考え方に係る方向性を示したものであるが、特定化学物質障害予防規則（以下、「特化則」という）等の特別規則で従来示されていたような、物質個別の健康影響およびそれに基づく健康診断項目の提示等はされていない。もっとも、リスクアセスメント対象物について固有の物質ごとの健康影響および検査項目を国がすべからく設定・提示をすることは、自律的な管理という今回の法令改正の主旨に沿うものではない。

　従って、「「医師又は歯科医師が必要と認める健康診断項目」については、医師又は歯科医師が当該物質の健康有害性および健康影響を適切に把握したうえで健康診断に資する検査等項目を検討する必要がある。そのためには当該手順に係るガイダンスが必要と考えられたことから、本専門家会議ではその手順等について検討した。

2．従来の特別規則における健康診断との比較

1）対象者について

特別規則等における健康診断（以下、「特殊健康診断」という。）では、各規則で指定した作業に常時従事する労働者が対象者として選定されており、その際に、作業環境測定等のばく露の評価に関する情報は考慮がされていない。今般の「リスクアセスメント対象物健康診断」では、リスクの評価に基づき、労働者の意見を聴き「必要があると事業者が認めた者」、また「濃度基準値を超えてばく露したおそれがある労働者」がその対象とされており、これらは「健康リスクが許容できない」場合と解釈することができる。即ち、逆にばく露が少ない等の理由により「健康リスクが許容できる」と事業者が判断した場合は健康診断の対象者とはならない点が従来と異なる。

2）健康診断項目の基本構成と相違点

現行の特殊健康診断における基本的な健診項目の構成を表1に示す。

①業務の経歴の調査　および
②作業条件の簡易な調査

これらの項目は過去の作業によるばく露や現在のばく露状況を把握することが目的であることから、従来の特殊健康診断と同様にリスクアセスメント対象物健康診断においても実施することが望ましい。

表1　特殊健康診断項目の基本構成

1) 業務の経歴の調査
2) 作業条件の簡易な調査
3) 作業条件の調査（二次健診のみ）
4) 当該有害要因による**健康影響**・ばく露の既往
5) 当該有害要因による**自他覚症状**の有無
6) **早期健康影響**指標に関する臨床検査
7) 生物学的（ばく露）モニタリング（一部の物質）
8) **標的健康影響**に関する臨床検査

赤字：健康影響の評価
青字：ばく露の評価

なお、後者については、「労働者の当該物質へのばく露状況を適切に把握し、健康診断結果の解釈、二次健康診断の実施の必要の有無の判断および健康診断結果に基づく措置を行う際の判断に資すること（基安労発第0325001号、平成21年3月25日）」をその目的としており、また「労働者の当該物質へのばく露状況の概要を把握するため、前回の特殊健康診断以降の作業条件の変化、環境中の有機溶剤の濃度に関する情報、作業時間、ばく露の頻度、有機溶剤の蒸気の発散源からの距離、保護具の使用状況等について、医師が主に当該労働者から聴取することにより調査するものであること（基発0304第3号、令和2年3月4日）」とされていることに鑑み、リスクアセスメント対象物健康診断においても上記文言の「有機溶剤」を「当該リスクアセスメント対象物」と読み替えて、同様の運用をすることが望ましい（特化則、鉛中毒予防規則、四アルキル鉛中毒予防規則についても同様の趣旨であること）。また、基安労発第0325001号ではこの調査内容として、

ア　当該労働者が主に従事する単位作業場所における作業環境測定結果
イ　作業における砒素化合物等の平均的な使用頻度及び前回の健康診断以降の作業工程や取扱量等の変更
ウ　局所排気装置等の有無及び稼動状況
エ　保護具の使用状況
オ　事故や修理等の際における大量ばく露
カ　その他

が示されているが、アについては「単位作業場所における作業環境測定結果」を「従事する作業の直近のリスクアセスメント結果」に読み替えることが適当と考えられる。

なお、上記①および②については、健診の場で作業者に確認する方法のほか、健康診断の実施前に事業者から健康診断を実施する医師等または実施機関に対し、必要な情報を提供することで対応することも可能である。

③自他覚症状の検査

当該物質の健康有害性に基づく自他覚症状を把握することが目的であることから、従来の特殊健康診断と同様にリスクアセスメント対象物健康診断においても実施することが望ましい。なお、

検査方法に係る考え方については、従来の特殊健康診断と大きな違いはなく、当該化学品の安全データシート（以下、「SDS」という。）等における健康有害性情報に基づき、健康影響の把握に資する自他覚症状を聴取することが望ましいが、皮膚刺激性、眼刺激性および特定標的臓器毒性（単回ばく露）のうち一部の健康有害性等その標的健康影響が明確なものについては、その自他覚症状を類型化することは妥当と考えられる。

④検査項目の階層構造

特殊健康診断においては、主に「一次健診（必ず実施する検査）」「二次健診（医師が必要と認めた場合に実施する検査）」の二階層での段階的な検査が設定されており、検査項目の階層設定については平成19年度「特殊健康診断の健診項目に関する調査研究委員会」報告書において、「健診項目の追加または変更の考え方」として、健康障害を早期に発見するための健診項目の選定に際しての考え方の目安が、以下の様に示されている。

  ⅰ）医学的に確立した検査法である。
  ⅱ）目的とする障害を検出する敏感度（Sensitivity）および特異度（Specificity）が妥当なレベルにある。
  ⅲ）受診者に大きな負担をかけない。
  ⅳ）全国どこでも検査が行える。
  ⅴ）予想される健康障害予防の成果に比較して、手間や費用が大き過ぎない。

これらについて、健診項目の選定に際しては、5つの条件を全て満たすものを一次健診、全てではないが早期発見に有効と思われる項目は二次健診とすることが望ましいとされた。

以上を踏まえ、リスクアセスメント対象物健康診断においては、そのガイドラインで「特殊健康診断の一次健康診断及び二次健康診断の考え方を参考としつつ、（中略）リスクアセスメント対象物健康診断としてはスクリーニングとして必要と考えられる検査項目を実施すること」とされていることから、上記の目安に係る解釈を基に検査項目を選定することが望ましい。なお、ばく露の程度やリスクの見積もりに基づき、より詳細な検査を早期に実施することの判断を妨げるものではないが、その際には、労働者に対する侵襲や事業者にとっての経済的負担等を考慮のうえ、当該検査実施の有用性等に鑑み慎重に検討、判断すべきである。

3）健康診断結果の判定と事後措置

リスクアセスメント対象物健康診断の判定および事後措置に係る考え方は、ともに従来の特殊健康診断結果への対応と大きな差異はない。即ち、健康診断結果において有所見となった場合には当該所見とばく露との因果関係についての検討および評価が必要であり、化学物質管理者、衛生管理者等から得られる情報を基に総合的に評価をする必要がある。

また、ばく露との関連が懸念される健康影響の所見が認められた際には、事後措置として、当事者へのばく露からの隔離（配置転換等を含む）と併せて、作業環境管理・作業管理によるリスクの低減の必要性の有無について助言・意見をすることについても、従来の特殊健康診断結果に基づく対応と大きな差異はない。すなわち、リスク低減対策は従来の特別規則の様に画一的に行うのではなく、事業者の自律的な判断により実施されるものではあるが、その際、工学的対策、管理的対策、有効な保護具の使用という優先順位に従い対策を検討し、リスク低減対策を実施するという原則は変わらない。

3. リスクアセスメント対象物健康診断の健康診断項目の設定方法

1）リスクアセスメント対象物健康診断の種類と検査項目の種類について

則第577条の2第3項に基づき実施する健康診断（以下、「第3項健診」という。）および則第577条の2第4項に基づき実施する健康診断（以下、「第4項健診」という。）について、健康有害性情報

およびその実施頻度のめやすを表2に示す。
①第3項健診での留意点

第3項健診について、ガイドラインにおいて「業務歴の調査、作業条件の簡易な調査等によるばく露の評価及び自他覚症状の有無の検査等を実施する。必要と判断された場合には、標的とする健康影響に関するスクリーニングに係る検査項目を設定する。」とされており、ヒトへの侵襲の少ない業務歴の調査、作業条件の簡易な調査等によるばく露の評価及び自他覚症状に係る問診・診察は積極的に調査されることが望ましい。なお「必要と判断された場合」の解釈に際しては、業務歴の調査、作業条件の簡易な調査及び自他覚症状の問診・診察等に基づき「医師が必要と判断した場合」のほか、SDS等の有害性情報から「自他覚症状よりも低い閾値で発生する健康影響が懸念される場合」が含まれることにも留意する。その際には、リスクアセスメント対象物健康診断の実施に際して、業務歴の調査、作業条件の簡易な調査及び自他覚症状の問診・診察と併せて、当該健康影響に係る検査項目を実施することが望まれる点に留意する必要がある。

表2　健康有害性情報と健診の種類と頻度のめやす

GHSの健康有害性分類項目	第4項健診 大量漏洩	第4項健診 急性影響評価	第3項健診 慢性・遅発性影響評価	頻度の目安（第3項健診として）
①急性毒性	②③④⑧に準ずる			
②皮膚腐食性/刺激性	○	○	×	6月以内に1回
③眼に対する重篤な損傷性/眼刺激性	○	○	×	6月以内に1回
④呼吸器感作性または皮膚感作性	○	○	×	6月以内に1回
⑤生殖細胞変異原性				
⑥発がん性	×	×	○	1年以内に1回
⑦生殖毒性	△	△	○	
⑧特定標的臓器毒性（単回ばく露）	○	○	△	6月以内に1回
⑨特定標的臓器毒性（反復ばく露）	△	△	○	3年以内に1回
⑩誤えん有害性				

②第4項健診での留意点

第4項健診について、ガイドラインでは以下の様に記載されている。

a) 「八時間濃度基準値」を超えてばく露した場合で、ただちに健康影響が発生している可能性が低いと考えられる場合は、業務歴の調査、作業条件の簡易な調査等によるばく露の評価及び自他覚症状の有無の検査等を実施する。長期にわたるばく露があるなど、健康影響の発生が懸念される場合には、急性以外の標的影響（遅発性健康障害を含む。）のスクリーニングに係る検査項目を設定する。

b) 「短時間濃度基準値（天井値を含む。）」を超えてばく露した場合は、主として急性の影響に関する検査項目を設定する。

c) 上記両条件において、ばく露の程度を評価することを目的に生物学的ばく露モニタリング等が有効であると判断される場合は、その実施も推奨される。

このうちa)の「ただちに健康影響が発生している可能性が低いと考えられる場合」の解釈については、後段に書かれている遅発性健康障害など、その発生に一定の期間を要する場合には「ただちに健康影響が発生している可能性が低い」と考えられる。また、「健康影響の発生が懸念される場合」については、その前段に記載されている「長期にわたるばく露がある」場合のほか、自他覚症状の閾値よりも低いばく露による健康影響が懸念される場合も含まれることに留意する。

2) 健康診断項目の選定手順
①健康有害性情報の収集
ⅰ) 化学品のSDS

使用する化学品の健康有害性に係る情報については、その製品のSDSに記載があり、またSDSは当該化学品のユーザー事業場にはその化学品メーカーから提供されている事より、当該化学品のSDSの有無を事業場で把握することが必要である。もしSDSが事業場に無い場合は、事業者を通じて当該化学品メーカーに提示を依頼することを打診する。

なお、収集されたSDSに記載された情報の精度の観点から、SDSが法令で定められた一定の期間内に最新の情報に更新されているかどうかを確認することが望ましい。また、SDSはその記載項目はJIS規格により規定されているが、その内容や書き振りについては作成者により多様

であり、健康有害性の把握に必要な成分情報（項目3）や健康有害情報（項目11）についても必要な情報が得られない場合もある。その際は当該化学品を製造したメーカーに改めて情報提供を依頼することも検討する。

その他、健康有害性情報にかかる国内・海外の各種情報提供サイト等を参考とすることも必要に応じて検討する。

ⅱ）濃度基準値の設定根拠

濃度基準値が設定されている物質については、厚生労働省が公表している「化学物質管理に係る専門家検討会」の報告書に、濃度基準値設定根拠となった臨界影響（その物質により発生する健康影響のうち最も低いばく露濃度で発生する影響）に係る健康有害性情報が記載されている。

なお、使用されている成分が判明している場合、そのうちリスクアセスメント対象物に該当する物質については、職場のあんぜんサイトにある「モデルSDS」に登録されている当該物質の健康有害性情報を参考にすることも検討する。

②標的臓器および標的健康影響の把握

基本的には、当該化学品のSDSに記載されている健康有害性の要約（項目2）および健康有害性情報（項目11）の内容から標的臓器および標的健康影響を読み取る。なお、その際、標的健康影響としてヒトの知見は優先されるべきであるが、動物試験に基づく知見であっても、その発生が懸念される健康リスクがある場合には、予防すべき標的健康影響として取り扱うことが望ましい。

なお、使用されている成分が判明している場合、そのうちリスクアセスメント対象物に該当する

表 3-1　GHS 政府分類結果での特定標的臓器毒性（単回ばく露）での標的健康臓器の種類（系統別、臓器別）

系統	区分1	区分2	区分3
神経・神経系	539	209	0
呼吸器・呼吸器系	319	80	0
中枢神経	264	87	0
血液・血液系	201	37	0
循環器・心血管系	132	8	0
消化器・消化器系	54	9	0
全身毒性	33	63	0
筋肉・筋肉系	17	0	0
生殖器	7	4	0
免疫系	4	0	0
造血系	4	0	0
末梢神経	3	0	0
内分泌系	2	0	0
泌尿器・泌尿器系	2	0	0
感覚器	1	0	0
血液凝固系	0	0	0
気道刺激性	0	0	610
麻酔作用	0	0	457

臓器	区分1	区分2	区分3
腎臓	214	31	0
肝臓	164	34	0
皮膚	34	0	0
心臓	30	11	0
骨	20	2	0
肺	19	18	0
膀胱	6	2	0
骨格筋	6	0	0
視覚器	5	1	0
眼	3	2	0
脾臓	3	2	0
副腎	3	1	0
精巣	3	2	0
膵臓	2	1	0
胃	1	0	0
甲状腺	1	0	0
小腸	1	0	0
胆嚢	0	0	0
十二指腸	0	0	0
歯	0	0	0
爪	0	0	0
毛髪	0	0	0
口腔	0	0	0
下垂体	0	0	0
鼻腔	0	0	0

表 3-2　GHS 政府分類結果での特定標的臓器毒性（反復ばく露）での標的健康臓器の種類（系統別、臓器別）

系統	区分1	区分2
神経・神経系	414	29
呼吸器・呼吸器系	349	18
血液・血液系	273	48
中枢神経	133	11
循環器・心血管系	97	1
免疫系	40	3
生殖器	37	23
消化器・消化器系	35	0
全身毒性	21	3
造血系	18	1
筋肉・筋肉系	12	1
内分泌系	8	1
泌尿器・泌尿器系	5	1
末梢神経	3	0
血液凝固系	3	0
感覚器	1	0

臓器	区分1	区分2
肝臓	272	76
腎臓	254	65
骨	78	4
皮膚	70	1
甲状腺	49	4
肺	42	4
心臓	25	9
歯	21	1
精巣	18	10
眼	15	5
副腎	15	10
膀胱	14	4
視覚器	10	2
膵臓	5	4
胃	4	0
爪	3	0
脾臓	2	7
胆嚢	2	1
骨格筋	2	0
毛髪	1	0
口腔	1	0
下垂体	1	2
十二指腸	0	0
小腸	0	1
鼻腔	0	3

物質については、職場のあんぜんサイトにある「モデル SDS」に登録されている当該物質の健康有害性情報を参考にすることも検討する。現時点で GHS 政府分類が実施されている物質（3,327物質）における標的臓器の頻度を表 3-1 および表 3-2 に示す。以下、留意点を列挙する。

ⅰ）濃度基準値が設定されている物質について

　厚生労働省が公表している「化学物質管理に係る専門家検討会」報告書に記載されている、濃度基準値の設定根拠となった臨界影響を、リスクアセスメント対象物健康診断における標的健康影響のうち「早期健康影響」として採用することが望ましい。また併せて、当該化学品の健康有害性情報（SDS に記載されている健康有害性の要約（項目 2）および健康有害性情報（項目 11）の内容等）から標的臓器および標的健康影響を読み取ることも検討する。

ⅱ）濃度基準値が設定されていない物質について

　当該化学品の健康有害性情報（SDS に記載されている健康有害性の要約（項目 2）および健康有害性情報（項目 11）の内容等）から標的臓器および標的健康影響を読み取ることが望ましい。また、濃度基準値が設定されていないが公的機関や学術機関による職業性ばく露限界値がある場合は、当該ばく露限界値の根拠文献等から標的臓器及び標的健康影響を読み取ることも検討する。

　なお、使用されている成分が判明している場合、そのうちリスクアセスメント対象物に該当する物質については、職場のあんぜんサイトにある「モデル SDS」に登録されている当該物質の健康有害性情報を参考にすることも検討する。

ⅲ）混合物の場合

　混合物については、混合物として有害性試験を実施した場合を除き、その成分に基づく各化学物質の危険性・健康有害性情報を、GHS 事業者向けガイドライン等に基づき一定のルールで集約して SDS が作成されていることが多い。従って、健康有害性にかかる記載は各化学物質すべての健康有害性が必ずしも記載されているわけではない点に留意が必要である。なお、事業場でのリスクアセスメントの多くが、「混合物全体」としてではなく「その成分ごと」に実施される可能性があることから、該当する成分物質の健康有害性情報を個別に参照し、個々の健康有害性情報を基に標的臓器・標的健康影響を抽出することが望ましい。なおその際、職場のあんぜんサイトにある「モデル SDS」に登録されている当該物質の健康有害性情報を参考にすることも検討する。

　また、混合物による影響の評価に際しては、「化学物質による健康障害防止のための濃度の基準の適用等に関する技術上の指針（令和 5 年 4 月 27 日技術上の指針公示第 24 号）」に基づき、混合物に含まれる複数の化学物質が、同一の毒性作用機序によって同一の標的臓器に作用する場合、それらの物質の相互作用によって、相加効果や相乗効果によって毒性が増大するおそれがあることに留意する。

③検査項目の設定（早期健康影響の選定）

　リスクアセスメント対象物健康診断に限らず、健康診断は健康影響の早期発見がその目的であることから、より早期の段階で発現する健康影響を「早期健康影響」として、できる限り優先的にスクリーニングの対象とすることが望ましい。「早期健康影響」とは多くの場合、その物質による影響のうちの最も低いばく露濃度が発生する影響と考えることも可能である（図 1）。濃度基準値がある場合は、その設定根拠

図1　早期健康影響選定の例
（血中鉛濃度と健康影響発現時期との関係）

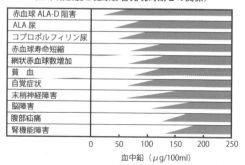

出典：鉛健康診断の解説　労働省労働衛生課編

となった臨界影響を早期健康影響とすることができる。また、濃度基準値が設定されていないが公的機関や学術機関による職業性ばく露限界値がある場合は、当該ばく露限界値の根拠文献等から標的臓器及び標的健康影響を読み取ることも検討する。

また、SDS 等の健康有害性情報を基に把握される複数の標的健康影響から「早期健康影響」を選定することは必ずしも容易ではないことから、複数の健康影響を早期健康影響として検査項目を設定することは妨げないが、その際は事業者の負担や受診者の侵襲等の観点で過剰な検査とならないように留意をすることが望まれる。

(4) 検査項目の設定（検査項目の選定）

i ）「業務の経歴の調査」および「作業条件の簡易な調査」

前述のように、業務の経歴の調査および作業条件の簡易な調査は、労働者のばく露を多面的に把握する観点から、リスクアセスメント対象物健康診断においても実施する必要がある。

ii ）自他覚症状の有無の検査

標的健康影響のうち問診・診察で把握可能な愁訴・所見は「自他覚症状」として把握することが望ましい。特に「皮膚腐食性／刺激性」「眼に対する重篤な損傷性／眼刺激性」「呼吸器感作性または皮膚感作性」については問診・診察が主な検査項目になると考えられ、また「特定標的臓器毒性（単回ばく露）」についても、問診・診察で評価可能な急性影響がある点に留意する。標的健康影響に伴う自他覚症状の類型化の例を別紙1に示す。なお、評価する化学物質に固有の健康影響がある場合もある事から、類型化例以外の自他覚症状についてもSDSにおける健康有害性情報等を確認することが望ましい。

iii ）標的健康影響のうち早期健康影響に係る臨床検査

標的健康影響のうち早期健康影響の発見に資する検査項目の選定については、2.2) ④に記載のある条件に基づき、合致する条件の多い検査方法を優先的にスクリーニング検査項目として設定することが望ましい。GHS 分類における健康有害性情報と検査方法の対比例を表4に示す。

また、検査項目の設定に際し、GHS 分類における健康有害性項目に準じた留意点を以下に示す。その際、既存の法令で規定されている標的健康影響とその検査項目等が参考となる（別紙2参照）。なお、ガイドラインでは「生殖細胞変異原性」「生殖毒性」「誤えん有害性」について

表4 検査項目の設定 有害性と検査方法の例（案）

GHSの有害性分類項目	区分	有害性の概要	検査の目的	検査方法	優先度
①急性毒性	②③④⑧に準ずる				
②皮膚腐食性/刺激性	区分1	腐蝕性	皮膚炎等の評価	問診・診察	推奨
	区分2	刺激性			
③眼に対する重篤な損傷性/眼刺激性	区分1	重篤な損傷性	粘膜異常所見の評価	問診・診察	推奨
	区分2A/B	刺激性			
④呼吸器感作性または皮膚感作性	区分1A/B/C	感作性	感作による所見の評価	問診・診察	推奨
				臨床検査	必要と認めた場合
⑤生殖細胞変異原性					
⑥発がん性	区分1A	ヒトの発がんがある	当該発がんのスクリーニング項目	問診・診察	推奨
	区分1B	ヒトの発がんがおそらくある		臨床検査	必要と認めた場合
	区分2	ヒトに対する発がん性が疑われる*1			
⑦生殖毒性					
⑧特定標的臓器毒性（単回ばく露）	区分1	ヒトに対して重大な毒性をもつ、又は動物実験の証拠に基づき単回ばく露によってヒトに対して重大な毒性を示す可能性があるとみなせる	各影響に応じたスクリーニング項目	問診・診察	推奨
	区分2	動物実験の証拠に基づき単回ばく露によってヒトの健康に有害である可能性があるとみなせる		臨床検査	必要と認めた場合
	区分3	一時的な特定臓器への影響			
⑨特定標的臓器毒性（反復ばく露）	区分1	ヒトに対して重大な毒性をもつ、又は動物実験の証拠に基づき反復ばく露によってヒトに対して重大な毒性をもつ可能性があるとみなせる	各影響に応じたスクリーニング項目	問診・診察	推奨
	区分2	動物実験の証拠に基づき反復ばく露によってヒトの健康に有害である可能性があるとみなせる		臨床検査	必要と認めた場合
⑩誤えん有害性					

*1：動物試験においてデータは発がん作用を示しているが、断定的な評価を下すには限定的である場合

ては、現時点では健康診断の実施対象とされないとされていることから、ここでは割愛する。

a) 皮膚腐食性・刺激性

主に問診・診察によるものであり、SDS に記載されている健康有害性情報のほか、別紙1の類型化例等を参考に検討する。なお、則第592条の8等で定める有害性等の掲示内容につ

いて掲示対象物質の「疾病の種類」と「その症状」も参考になる。
b) 眼に関する重篤な有害性、眼刺激性
　　主に問診・診察によるものであり、SDSに記載されている健康有害性情報のほか、別紙1の類型化例等を参考に検討する。なお、則第592条の8等で定める有害性等の掲示内容について掲示対象物質の「疾病の種類」と「その症状」も参考になる。
c) 呼吸器・皮膚感作性
　　SDSに記載されている健康有害性情報のほか、別紙1の類型化例等を参考に検討する。なお、則第592条の8等で定める有害性等の掲示内容について掲示対象物質の「疾病の種類」と「その症状」も参考になる。また、感作性が疑われる場合等においては、必要に応じて当該影響の把握に資する臨床検査の実施も検討が望ましい。
d) 発がん性
　　リスクアセスメントの結果「健康リスクが許容できない」と判断された発がん性に対しては、そのスクリーニング項目の実施が検討されるが、GHSの発がん性区分がヒト及び動物における当該影響発生の確からしさで評価・区分されていることに鑑み、「ヒトに対する発がん性が知られている物質（GHS発がん性区分1A）」および「ヒトに対しておそらく発がん性がある物質（GHS発がん性区分1B）」についてはその実施が推奨され、「ヒトに対する発がん性が疑われる物質（GHS区分2）」については、リスクアセスメントに基づく結果やスクリーニング結果に応じて、必要に応じて検査の実施を検討することが望まれる。なお、スクリーニング項目については、既存の特殊健康診断で採用されている検査項目（別紙2）のほか、各種学会等が提示しているガイドライン等を参照することも検討する。
　　なお、ガイドラインに記載のある「検査項目の設定のためのエビデンスが十分でないがん種」については、がんが発生する部位が明らかでない場合や、スクリーニング検査にかかるエビデンスに乏しい等により検査項目の設定が困難である場合等が考えられ、明確な根拠に基づかずに検査を行うことは慎むべきである。
e) 特定標的臓器毒性（単回ばく露）
　　健康影響のうち自他覚症状として把握できるものについては、主に問診・診察によりSDSに記載されている健康有害性情報のほか、別紙1の類型化例等を参考に把握する自他覚症状を検討する。なお、則第592条の8等で定める有害性等の掲示内容について掲示対象物質の「疾病の種類」と「その症状」も参考になる。
　　また、自他覚症状以外の健康有害性についてSDS等に記載されている情報に基づき標的臓器・標的健康影響を設定のうえ検査項目を検討する。なお、既存の特殊健康診断で採用されている検査項目（別紙2）等を参照することも可能である。
　　なお健康有害性区分については、ヒトに対して重大な有害性が発生する、または低いレベルのばく露によってヒトに対して重大な有害性が発生する可能性があることを示す根拠が、区分1では区分2および3より確実であることから、区分値の低い影響について優先的に実施することが推奨される。
f) 特定標的臓器毒性（反復ばく露）
　　健康影響のうち自他覚症状として把握できるものについては、主に問診・診察によりSDSに記載されている健康有害性情報のほか、別紙1の類型化例等を参考に把握する自他覚症状を検討する。なお、則第592条の8等で定める有害性等の掲示内容について掲示対象物質の「疾病の種類」と「その症状」も参考になる。
　　また、自他覚症状以外の健康有害性についてSDS等に記載されている情報に基づき標的臓器・標的健康影響を設定のうえ検査項目を検討する。特に反復ばく露の場合は慢性毒性およ

び遅発性健康影響等が含まれることから、その実施時期や内容等について留意が必要である。その際、既存の特殊健康診断で採用されている検査項目（別紙2）等を参照することも可能である。

なお健康有害性区分については、ヒトに対して重大な有害性が発生する、または低いレベルのばく露によってヒトに対して重大な有害性が発生する可能性があることを示す根拠が、区分1では区分2より確実であることから、区分値の低い影響について優先的に実施することが推奨される。

(5) GHS分類における健康有害性を見る場合の留意点

GHS分類における「健康有害性区分」は、健康有害性項目ごとに基準が決められており、同一の項目内においては区分の数字が小さい方の臓器影響を積極的に採用することが可能であるが、「生殖毒性」「発がん性」については健康有害性の強さではなく「当該健康影響発生の確からしさ」に基づき評価されていることに留意が必要である。

また、危険性・健康有害性区分が設定されていない（「分類できない」「分類対象外」等）とされているものについては、「健康有害性が無い」という事ではなく、健康有害性を評価するに資する情報に乏しいことを意味していることに留意が必要である。

3）歯科健康診断項目

従来の歯科による健康診断では健康診断項目の明記がされていないが、ガイドラインではGHS分類における健康有害性区分において「歯」の記載がある物質から5物質がリスクアセスメント対象物健康診断の対象として選定され、それらは歯牙・歯肉に係る所見であることから、新たに「スクリーニングとしての歯科領域に係る検査項目は、歯科医師による問診及び歯牙・口腔内の視診とする」と記載されている。

4）生物学的ばく露モニタリング

ガイドラインでは、特に第4項健診において「ばく露の程度を評価することを目的に生物学的ばく露モニタリング等が有効であると判断される場合は、その実施も推奨される」とされている。前出の「平成19年度　特殊健康診断の健診項目に関する調査研究委員会」において、生物学的モニタリングについても、その採否に際して以下のような条件目安が示されている。

ⅰ）作業に起因する生体内への取込み量に定量的に対応する測定値が得られる。

ⅱ）分析試料の採取、運搬などに特別の問題がない。

ⅲ）生物学的モニタリングを追加することにより、健康障害予防の精度を高めることができる。

ⅳ）健康リスクの有無、または程度を判断できる基準値がある。

ⅴ）予想される健康障害予防の成果に比較して、手間や費用が大き過ぎない。

＊生物学的モニタリングは、作業者個人のばく露レベルの指標として高い精度を持っているので、以下の条件①、②、③を満たすものについては健康診断項目として採用する。ただし、「必ず実施する健康診断項目」として採するには①〜⑤のすべての条件を満たすものとする。

リスクアセスメント対象物健康診断においても、ばく露の定量的評価として適宜その実施を検討することが望まれるが、これらの分析・測定が可能な機関が限られていることや、検査費用が必ずしも安価ではないこと等に留意が必要である。なお、生物学的ばく露モニタリングは第3項健診においても有用な場合もあるので、ばく露が疑われる際にはその実施の要否を検討することが望ましい。

4. リスクアセスメント対象物健康診断実施の継続の判断

リスクアセスメントの実施後にその対応としてリスク低減対策が実施され、その結果「健康リスクが許容範囲内」と判断された場合のリスクアセスメント対象物健康診断の継続の可否については、一律に中止をするのではなく、当該化学品の健康有害性とそれまでのばく露状況等により検討が必要であ

る。例えば、いわゆる「急性影響」に分類される健康有害性（皮膚腐食性・刺激性、眼に関する重篤な有害性、眼刺激性、特定標的臓器毒性（単回ばく露））については、その継続は不要と考えられるが、ばく露後の健康影響が慢性経過をたどる場合や、特定標的臓器毒性（反復ばく露）による長期的な影響や遅発性健康障害の発生が懸念される場合等については、リスクアセスメント対象物健康診断による継続的な健康モニタリングの実施を検討する必要がある。

別紙1：有害性分類に対応する愁訴の例（p.103の表2.8に掲載）

別紙2：標的健康影響に対する健康診断項目の例（資料2-3、p.106の表2.11、107の表2.12に掲載）

リスクアセスメント対象物健康診断項目設定の手順（スライド23枚）［省略］

資料 1-4
リスクアセスメント対象物健康診断に関する Q & A

令和 6 年 7 月 25 日現在

リスクアセスメント対象物とは

[Q 1] リスクアセスメント対象物とは、どのような化学物質か。事業場において取り扱っている化学物質がリスクアセスメント対象物であるか否かは、どのように確認することができるか。

[A] リスクアセスメント対象物は、労働安全衛生法第 57 条の 3 でリスクアセスメントの実施が義務付けられている危険・有害物質です。事業場で取り扱っている化学物質がリスクアセスメント対象物であるかは、職場のあんぜんサイトの「表示・通知対象物質の一覧・検索」(https://anzeninfo.mhlw.go.jp/anzen/gmsds/gmsds640.html) により確認することができます。

リスクアセスメント対象物健康診断とは

[Q 2] リスクアセスメント対象物健康診断とは、どのような健康診断か。事業者として何をしなければならないのか。

[A] 令和 6 年 4 月 1 日から施行される、労働安全衛生規則第 577 条の 2 第 3 項及び第 4 項に基づき実施する健康診断をいいます。

リスクアセスメント対象物を製造し、又は取り扱う事業場においては、リスクアセスメントの結果に基づき、関係労働者の意見を聴き、必要があると認めるときに、医師又は歯科医師が必要と認める項目について、健康診断を行わなければなりません。リスクアセスメント対象物健康診断は、従来の特殊健康診断のように実施頻度や検査項目が法令で定められていないため、事業者が、実施の要否をはじめ、対象労働者の選定、検査項目・実施頻度の設定等について判断をしなければなりません。判断に当たっては、厚生労働省が公表している「リスクアセスメント対象物健康診断に関するガイドライン」をご参照ください。

基本的な考え方

[Q 3] リスクアセスメント対象物健康診断について、具体的に留意すべき事項は何を参照すればよいか。

[A] 厚生労働省 HP（※）において、令和 5 年 10 月 17 日に「リスクアセスメント対象物健康診断に関するガイドライン」を公表し、基本的な考え方のほか、実施の要否の判断方法、対象者の選定方法、実施頻度、検査項目等について示していますので、ご参照ください。

※ 厚労省 HP> 政策について>分野別の政策一覧>雇用・労働>労働基準>安全・衛生>職場における化学物質対策について>化学物質による労働災害防止のための新たな規制について
https://www.mhlw.go.jp/content/11300000/001161296.pdf

[Q 4] 厚生労働省が公表している「リスクアセスメント対象物健康診断に関するガイドライン」は、法的拘束力があるのか。ガイドラインのとおりに健康診断を実施しないと、指導を受けるのか。

[A] 今後の化学物質の管理については、危険性・有害性が確認された全ての物質に対して、国が定める管理基準の達成を求め、達成のための手段は限定しない自律的な管理を基軸とすることとしています。

ガイドラインは、リスクアセスメント対象物健康診断について、その適切な実施が図られるよう、基本的な考え方及び留意すべき事項を参考として示したものであり、法的拘束力を持つものではありません。自律的な管理においては、具体的な方法は事業者が選択・決定することを基本としており、リスクアセスメント対象物健康診断の方法が労働安全衛生規則等の一部を改正する省令（令和 4 年厚生

労働省令第91号）による改正後の労働安全衛生規則第577条の2第3項及び第4項を遵守する妥当な方法であれば、必ずしも本ガイドラインに示した方法でなくとも差し支えありません。

[Q5] 健康障害発生リスクの評価を行わず、一律にリスクアセスメント対象物健康診断を実施することで法令上問題ないか。
[A] 化学物質による健康障害を防止するためには、工学的対策、管理的対策、保護具の使用等により、ばく露そのものをなくす又は低減する措置を講じなければならず、これらのばく露防止対策が適切に実施され、労働者の健康障害発生リスクが許容される範囲を超えないと事業者が判断すれば、基本的にはリスクアセスメント対象物健康診断を実施する必要はありません。なお、これらのばく露防止対策を十分に行わず、リスクアセスメント対象物健康診断で労働者のばく露防止対策を補うという考え方は適切ではありません。

第3項健診について

[Q6] 第3項健診について、どのタイミングで実施の要否を判断したらよいか。
[A] 安衛則第577条の2第3項に基づき、事業者は、リスクアセスメント対象物に係るリスクアセスメントの結果に基づき、関係労働者の意見を聴き、必要があると認めるときは、その結果に基づき、第3項健診の実施の要否を判断することが義務づけられています。

　過去にリスクアセスメントを実施して以降、作業の方法や取扱量等に変化がないこと等からリスクアセスメントを実施していない場合は、過去に実施したリスクアセスメントの結果に基づき、安衛則第577条の2第11項に基づく記録の作成の時期に、労働者のリスクアセスメント対象物へのばく露の状況、工学的措置や保護具使用が適正になされているかを確認し、第3項健診の実施の要否を判断することが望ましいです。また、過去に一度もリスクアセスメントを実施したことがない場合は、リスクアセスメント対象物健康診断の施行後1年以内（令和7年4月1日まで）にリスクアセスメントを実施し、第3項健診の実施の要否を判断することが望ましいです。

　第3項健診の実施の要否を一度判断した後も、安衛則第577条の2第11項に基づく記録の作成の時期などを捉え、前回のリスクアセスメントを実施した時点の作業条件等から変化がないことを定期的に確認し、作業条件等に変化がある場合は、リスクアセスメントを再実施し、第3項健診の実施の要否を判断し直してください。

[Q7] 第3項健診について、実施不要と判断した場合、不要とした理由等の記録を保存する必要があるか。
[A] 第3項健診の実施の要否を判断したときは、その判断根拠について記録を作成し、保存しておくことが望ましいです。

[Q8] 第3項健診について、健康障害発生リスクが高いと判断する根拠は、職業性ばく露限界値等を超えばく露があったか否かの確認でよいか。その他に留意すべきことはあるか。
[A] 濃度基準値がないリスクアセスメント対象物に係るリスクアセスメント対象物健康診断の実施の要否の判断においては、職業性ばく露限界値等（日本産業衛生学会の許容濃度、米国政府労働衛生専門家会議（ACGIH）のばく露限界値（TLV-TWA）等をいう。）がある物質については、その値を超えてばく露したおそれがあるか否かを判断基準とすることが望ましいです。このほか、ガイドラインの第3の2（1）の（注1）及び（注2）に留意ください。

[Q9] 第3項健診について、CREATE-SIMPLEによるリスクアセスメントを適切に実施することをもっ

て実施不要と判断してよいか。

［A］ガイドラインの第3の2（1）では、第3項健診の実施の要否の判断にあたっては、リスクアセスメントにおいて、7項目の状況を勘案して、労働者の健康障害発生リスクを評価し、当該労働者の健康障害発生リスクが許容できる範囲を超えるか否か検討することが適当としつつ、健康障害発生リスクが高いことが想定され、第3項健診を実施することが望ましい例についても示しています。これらの例に該当するか否かの判断には、講じるリスク低減措置が適切に実施されていること等の確認が必要になる場合があります。CREATE-SIMPLEは健康障害発生リスクの見積りのための簡易ツールであり、これによる見積り結果のみでは健康障害発生リスクを評価できない場合があると考えられます。

なお、健診の要否の考え方については、公益社団法人日本産業衛生学会も「化学物質リスクアセスメントに基づく健康診断の考え方に関する手引き」を公表しています。

（https://www.sanei.or.jp/files/topics/recommendation/tebiki_ra-kenshin-chemicals_202405.pdf）

［Q 10］第3項健診について、漏洩事故発生時以外は緊急性がないと考えられるので、安衛則第577条の2第11項第2号で規定される「従事する労働者のリスクアセスメント対象物のばく露の状況」と兼ねて実施してもよいか。

［A］第3項健診の実施の要否を判断するタイミングについては、過去にリスクアセスメントを実施して以降、作業の方法や取扱量等に変化がないこと等の理由でリスクアセスメントをそれ以降実施していない場合は、過去に実施したリスクアセスメント結果に基づき、実施の要否を判断する必要がありますので、安衛則第577条の2第11項に基づく記録の作成（同項の規定では、リスクアセスメントの結果に基づき講じたリスク低減措置や労働者のリスクアセスメント対象物へのばく露の状況等について、1年を超えない期間ごとに1回、定期に記録することが義務づけられている。）の時期に、労働者のリスクアセスメント対象物へのばく露の状況、工学的措置や保護具使用が適正になされているかを確認し、第3項健診の実施の要否を判断することが望ましいです。また、過去に一度もリスクアセスメントを実施したことがない場合は、安衛則第577条の2第3項及び第4項の施行後一年以内にリスクアセスメントを実施し、第3項健診の実施の要否を判断することが望ましいとガイドラインで示しています。

第3項健診の実施の要否を判断した後も、安衛則第577条の2第11項に基づく記録の作成の時期などを捉え、事業者が前回のリスクアセスメントを実施した時点の作業条件等から変化がないことを定期的に確認し、作業条件等に変化がある場合は、リスクアセスメントを再実施し、第3項健診の実施の要否を判断し直してください。

［Q 11］第3項健診について、施行前（令和6年3月31日以前）のリスクアセスメント結果がすでにある業務に関しては、施行後遅滞なく健診の実施の要否の判断を行うための関係労働者からの意見聴取を行わなければいけないか。

［A］過去にリスクアセスメントを実施して以降、作業の方法や取扱量等に変化がないこと等から、リスクアセスメントを実施していない場合は、安衛則第577条の2第11項に基づく記録の作成（同項の規定では、リスクアセスメントの結果に基づき講じたリスク低減措置や労働者のリスクアセスメント対象物へのばく露の状況等について、1年を超えない期間ごとに1回、定期に記録を作成することが義務づけられています。）の時期に、労働者のリスクアセスメント対象物へのばく露の状況、工学的措置や保護具使用が適正になされているかを確認し、第3項健診の実施の要否を判断することが望ましいとガイドラインで示しています。関係労働者への意見聴取については、健診の実施の要否の判断のために行うことから、これと同じタイミングで実施すればよく、かならずしも施行後遅滞なく行わなければならないということではありません。

[Q 12] 施行前（令和6年3月31日以前）にリスクアセスメントを実施し、関係労働者の意見を聴いて、第3項健診の実施の要否を判断している場合でも、施行後に改めてリスクアセスメントを実施し、関係労働者の意見を聴いて、第3項健診の実施の要否を判断する必要があるか。

[A] 施行前（令和6年3月31日以前）にリスクアセスメントを実施し、関係労働者の意見を聴いて、第3項健診の実施の要否を判断している場合で、それ以降、作業の方法や取扱量等に変化がない場合は、施行後に改めてリスクアセスメントを実施し、関係労働者の意見を聴いて、第3項健診の実施の要否を判断する必要はありません。ただし、その場合でも、安衛則第577条の2第11項に基づく記録の作成（同項の規定では、リスクアセスメントの結果に基づき講じたリスク低減措置や労働者のリスクアセスメント対象物へのばく露の状況等について、1年を超えない期間ごとに1回、定期に記録を作成することが義務づけられています。）の時期に、労働者のリスクアセスメント対象物へのばく露の状況、工学的措置や保護具使用が適正になされているかを確認し、第3項健診の実施の要否を判断することが望ましいとガイドラインでは示しています。ガイドラインではさらに、第3項健診の実施の要否を判断した後も、安衛則第577条の2第11項に基づく記録の作成の時期などを捉え、事業者は、前回のリスクアセスメントを実施した時点の作業条件等から変化がないことを定期的に確認し、作業条件等に変化がある場合は、リスクアセスメントを再実施し、第3項健診の実施の要否を判断し直すこととしています。

[Q 13] 遅発性の健康障害のおそれのある物質について、施行以前（令和6年3月31日以前）のばく露履歴を考慮して実施する必要があるか。また、当時の作業記録等が残っていない場合には、労働者の記憶等から職場環境を推測した上で健康診断の実施の要否を判断してもよいか。

[A] 遅発性の健康障害のおそれがある物質については、令和6年3月31日以前の当該物質のばく露履歴（ばく露の程度、ばく露期間、保護具の着用状況等）についても、可能な範囲で考慮し、リスクアセスメント対象物健康診断の実施の要否について検討する必要があります。

[Q 14] ガイドライン第3の2の（1）の（注2）の「発がん性物質」とは、がん原性物質のことか、GHS分類の発がん性区分1及び2に該当するものか。

[A] ガイドライン第3の2の（1）の（注2）でいう発がん性物質とは、GHS分類の発がん性の区分1及び区分2に該当するものをいいます。

第4項健診について

[Q 15] 第4項健診について、濃度基準値を超えてばく露したおそれがあるかを判断するために、個人ばく露測定を実施する必要はあるか。

[A] ガイドライン第3の2の（2）において、以下のいずれかに該当する場合は、労働者が濃度基準値を超えてばく露したおそれがあるため健診の実施を必要としています。

（ア）実測や推計等により濃度基準値を超えているため工学的措置の実施又は呼吸用保護具の使用等の対策を講じる必要があるにも関わらず工学的措置の不適切な実施や呼吸用保護具の不適切な使用等が判明した場合

（イ）漏洩事故等により、濃度基準値がある物質に大量ばく露した場合

（ア）では、①工学的措置の不適切な実施、②呼吸用保護具の不適切な使用等が判明した場合が規定されており、①、②を判断する上では個人ばく露測定により判断することまで求めていないところです。ただし、（ア）の①、②を判断する前提として、濃度基準値を超えているかは実測や推計等により確認する必要があり、当該確認を行う場合においては、技術上の指針（※）に基づき実測する場合は個人

ばく露測定を実施する必要がありますので、念のため申し添えます。
※　化学物質による健康障害防止のための濃度の基準の適用等に関する技術上の指針（令和5年4月27日付け技術上の指針公示第24号）。

歯科医師による健診について

［Q 16］歯科領域の健康診断の実施の要否を検討するに当たっては、濃度基準値や許容濃度等が参考にならないため、使用歴があれば実施しなければならないか。

［A］リスクアセスメント対象物健康診断のうち、歯科領域に係るものについては、歯科領域への影響について確立されたリスク評価手法が現時点ではないこと、歯科領域への影響がそれ以外の臓器等への健康影響よりも低い濃度で発生するエビデンスが明確ではないことから、歯科領域以外の健康障害発生リスクの評価に基づいて行われるリスクアセスメント対象物健康診断の実施の要否の判断に準じて、歯科領域に関する検査の実施の要否を判断することが適切と考えられます。

対象労働者の選定について

［Q 17］ガイドラインにおいて、「常時従事する労働者」には「従事する時間や頻度が少なくても反復される作業に従事している者を含む」とされているが、「反復」とは具体的にどの程度の頻度か。

［A］対象の作業が「反復」にあたるかどうかは、個々の作業内容や取扱量等を踏まえて、事業者において個別に判断する必要があります。

［Q 18］短期アルバイト等の短期間・短時間労働者は、健康診断の対象とすべきか。

［A］リスクアセスメント対象物健康診断については、業務に従事する期間や時間が短くても、反復される作業に従事している者を対象に含みます。

　　短期間の業務であっても、労働者がリスクアセスメント対象物にばく露される程度を最小限度にしなければなりませんので、作業内容や取扱量等を踏まえて、化学物質による健康障害リスクが高いことが懸念される場合は、当該労働者に対してリスクアセスメント対象物健康診断を実施する必要があります。

　　なお、その場合の健康診断の実施時期については、事業場の実情等に応じて、合理的な時期を事業者にて設定してください。

労働者に対する事前説明

［Q 19］設定した検査項目に関する労働者への説明は、安全衛生委員会で説明することで労働者全員に説明を行ったとみなされ得るか。それとも対象労働者一人一人に説明資料の配付等が必要か。

［A］設定した検査項目に関する労働者への説明については、安全衛生委員会で説明するだけでは必ずしも十分ではなく、対象労働者本人に認識される合理的かつ適切な方法（※）で行う必要があります。

　　※ガイドラインにおいて、労働者に対する説明方法として、労働者に対する口頭やメールによる通知のほか、事業場のイントラネットでの掲載、パンフレットの配布、事業場の担当窓口の備付け、掲示板への掲示等を例示しています。

［Q 20］リスクアセスメント対象物健康診断は、労働者に受診義務はないのか。

［A］リスクアセスメント対象物健康診断については、法令上、労働者に受診義務はありませんが、健康障害の早期発見のためにも、必要な労働者は受診することが重要でありますので、事業者は関係労働者に対し、あらかじめその旨説明しておくことが望ましいです。

［Q 21］労働者が受診しないことを理由に不利益な取扱いを行ってはならないとあるが、受診しないことを理由にリスクアセスメント対象物を取り扱う業務から外すことで減給した場合は、不利益とは判断されないのか。
［A］どのような取扱いが不利益な取扱いにあたるかは個別に判断されるべきですが、労働者がリスクアセスメント対象物健康診断を受診しないことをもって、当該労働者の健康確保措置の履行に必要な範囲を超えて、当該労働者に対して不利益な取扱いを行うことは適切ではありません。

健診結果の通知について
［Q 22］リスクアセスメント対象物健康診断の結果について、労働者への通知義務はあるのか。
［A］安衛則第577条の2第9項に基づき、事業者は、リスクアセスメント対象物健康診断を受けた労働者に対し、遅滞なく、リスクアセスメント対象物健康診断の結果を通知しなければなりません。

検査項目の設定について
［Q 23］GHS分類が行われず危険有害性の区分がなされていない物質はどのように健康診断を検討すればよいか。
［A］危険有害性情報が十分ではなく、GHS分類が行われていないものについては、標的健康影響を特定できず、検査項目を設定することができないため、リスクアセスメント対象物健康診断の対象とはしていません。
　なお、リスクアセスメント対象物以外の化学物質を製造し、又は取り扱う業務に従事する労働者については、ガイドライン第3の7をご覧ください。

［Q 24］口腔粘膜の炎症等は、医師だけでなく歯科医師も診るべきではないか。
［A］口腔粘膜病変等については、GHS分類における有害性区分での明確な記載が無いこと等から、検査項目の設定においては、まずは歯牙及びその支持組織への影響を考慮することとしています。

［Q 25］検査項目について、具体的な設定方法を教えてほしい。
［A］検査項目の設定方法の考え方については、「化学物質の自律的な管理における健康診断に関する検討会報告書（追補版）」をご参照ください。
　（https://www.mhlw.go.jp/content/11300000/001223418.pdf）

［Q 26］検査項目のうち、業務歴の調査や作業条件の簡易な調査等の職場の状況について労働者が回答できなかった場合には、事業者の衛生担当者等が代理で回答することは可能か。
［A］リスクアセスメント対象物による健康影響を確認するには、業務歴や作業条件に関する情報が重要であることから、事業者は、業務歴の調査や作業条件の簡易な調査等を行う健康診断実施機関に対し、職場状況について必要な情報を提供することが望ましいです。

第3項健診について
［Q 27］第3項健診について、遅発性の健康障害の懸念がある場合、いつまで健康診断を継続すればよいか。また、退職者に対して健康診断を受診させる必要はあるか。
［A］どの程度の期間健康診断を継続して実施する必要があるかについては、産業医を選任している事業場においては産業医、選任していない事業場においては医師又は歯科医師の意見も踏まえて検討してください。
　退職者についてはご自身で健康管理していただくことを想定しています。

健診結果の保存について

[Q 28] リスクアセスメント対象物健康診断の結果（個人票）について、事業者における保存期間は定められているか。

[A] 安衛則第577条の2第5項に基づき、事業者は、同条第3項又は第4項のリスクアセスメント対象物健康診断を行ったときは、リスクアセスメント対象物健康診断個人票を作成し、これを5年間（リスクアセスメント対象物が厚生労働大臣が定めるがん原性物質である場合は30年間）保存しなければなりません。

　また、ガイドラインにおいて、配置転換後の健康診断を実施したときは、リスクアセスメント対象物健康診断に準じて、健康診断結果の個人票を作成し、同様の期間保存しておくことが望ましいとしています。

[Q 29] リスクアセスメント対象物健康診断の結果（個人票）について、健康診断実施機関における保存期間は定められているか。

[A] 健康診断実施機関における保存の義務及び保存期間については定められていません。

その他

[Q 30] 病院等における抗がん剤取扱者について、リスクアセスメント対象物健康診断は実施すべきか。

[A] 抗がん剤などの医薬品は、主として一般消費者の生活の用に供する製品としてリスクアセスメント対象物から除外されています。このため、病院等における発がん性等を有する化学物質を含有する抗がん剤等に対するばく露防止対策については、発がん性等を有する化学物質を含有する抗がん剤等に対するばく露防止対策について（平成26年5月29日付け基安化発0529第1号）に基づく措置を実施してください。

　一方、抗がん剤などの医薬品である化学物質が労働安全衛生法第57条の表示対象物や同法第57条の2の通知対象物に該当する場合は、その製造過程のように、一般消費者の生活の用に供する製品の段階にないときは、当該化学物質についてリスクアセスメント等をしなければなりません。

　なお、リスクアセスメント対象物以外の化学物質を製造し、又は取り扱う業務に従事する労働者については、ガイドライン第3の7をご覧ください。

[Q 31] ガイドラインにおいて、リスクアセスメント対象物健康診断の対象とならない労働者に対する対応として、「事業者は定期健康診断を実施する医師等に対し、関係労働者に関する労働者の化学物質の取扱い状況の情報を提供することが望ましい」とあるが、関係労働者一人一人の個別の情報を提供する必要があるか。

[A]「関係労働者に関する化学物質の取り扱い状況の情報」については、事業場内の全体的な情報ではなく、健康診断受診者ごとの情報が提供されることを想定しています。

　なお、厚生労働省では、ガイドライン第3の7のとおり、定期健康診断において、化学物質を取り扱う業務による所見等の有無に留意いただけるよう、化学物質の取扱い状況の情報を含めた問診票の例を公表することを検討しています。

[Q 32] リスクアセスメント対象物健康診断を実施して異常な所見が認められ、精密検査を実施する場合は、健診費用及び受診に要する時間の賃金は事業者が負担すべきか。

[A] 精密検査についても、それがリスクアセスメント対象物による健康影響を確認するという目的で行われる場合は、リスクアセスメント対象物健康診断の一部であると考える必要があります。したがって、この場合は精密検査の受診費及び受診に要する時間の賃金の支払いについては、事業者が負担す

る必要があります。

[Q33] リスクアセスメント対象物健康診断を実施して診断確定が得られた場合、その後の通院治療費の負担はどのようにすべきか。また、診断確定について、労働基準監督署への報告は必要か。
[A] 診断確定後の治療費については、原則として保険診療になります。また、原因となった疾病が労災認定された場合は労災保険から治療に要する費用が給付されます。また、診断結果について、労働基準監督署に報告する必要はありません。

[Q34] リスクアセスメント対象物健康診断の結果について、労働基準監督署等への報告義務はあるか。
[A] リスクアセスメント対象物健康診断に係る労働基準監督署等への報告義務はありません。

[Q35] ある化学物質について6月以内ごとに1回リスクアセスメント対象物健康診断を実施している場合、当該物質に係る特定業務従事者健康診断は実施しなくてもよいか。
[A] 特定業務従事者健康診断については、安衛則第45条第1項に基づき、第13条第1項第3号に掲げる業務に常時従事する労働者に対して、健康診断を実施する必要があります。

[Q36] 派遣労働者に対してリスクアセスメント対象物健康診断を実施した場合、リスクアセスメント対象物健康診断の結果（個人票）の作成及び保存はどうすべきか。
[A] 派遣労働者に係るリスクアセスメント対象物健康診断は、派遣先事業者に実施義務があります。派遣先事業者において派遣労働者に対してリスクアセスメント対象物健康診断を実施したら、派遣先事業者においてリスクアセスメント対象物健康診断個人票を作成し、保存してください。また、当該個人票は、派遣労働者の健康管理のため、派遣元事業者においても保存することが望ましいことから、あらかじめ当該派遣労働者の同意を得た上で、派遣先事業者から派遣元事業者へ当該個人票の写しを提供することが望ましいです。

　同様に、派遣先事業者が行ったリスクアセスメント対象物健康診断の結果に基づく就業上の措置の内容に関する情報についても、あらかじめ当該派遣労働者の同意を得た上で、派遣先事業者から派遣元事業者に提供し、派遣元事業者においても保存することが望ましいです。

※リスクアセスメント対象物健康診断についてのご質問は、最寄りの都道府県労働局、労働基準監督署または産業保健総合支援センターにおいて承っております。
　なお、個別ケースに係る健康診断実施の要否の判断や検査項目の選定は事業者において行っていただくものであることから、上記機関ではその前提でご相談を承ります。

2. 健康診断項目の設定に関する資料

資料 2-1
労働安全衛生規則第 592 条の 8 等で定める有害性等の掲示内容について

基発 0329 第 32 号
令和 5 年 3 月 29 日

　労働安全衛生規則等の一部を改正する省令（令和 4 年厚生労働省令第 82 号）により、有害物の有害性等に関する掲示内容の見直しを行ったところである。有害物ごとに掲示すべき内容については、「労働安全衛生規則等の一部を改正する省令の施行等について」（令和 4 年 4 月 15 日付け基発 0415 第 1 号）の第 3 の 1 （4）イ（ア）において別途示すこととしていたところであるが、今般、当該内容については下記のとおりとするので、その施行に遺漏なきを期されたい。

記

1　掲示の記載内容について
（1）疾病の種類について
　　　労働安全衛生規則（昭和 47 年労働省令第 32 号）第 592 条の 8、有機溶剤中毒予防規則（昭和 47 年労働省令第 36 号。以下「有機則」という。）第 24 条第 1 項、鉛中毒予防規則（昭和 47 年労働省令第 37 号）第 51 条の 2、四アルキル中毒予防規則（昭和 47 年労働省令第 38 号）第 21 条の 2、特定化学物質障害予防規則（昭和 47 年労働省令第 39 号。以下「特化則」という。）第 38 条の 3、第 38 条の 17 第 1 項第 2 号、第 38 条の 18 第 1 項第 2 号及び第 38 条の 19 第 1 項第 18 号、粉じん障害防止規則（昭和 54 年労働省令第 18 号。以下「粉じん則」という。）第 23 条の 2 並びに石綿障害予防規則（平成 17 年厚生労働省令第 21 号。以下「石綿則」という。）第 34 条（以下「安衛則第 592 条の 8 等」という。）に基づき掲示の対象となる物質（以下「掲示対象物質」という。）により「生ずるおそれのある疾病の種類」の記載方法については、次に掲げる方法のうち、事業場において取り扱う物質に応じてふさわしい方法を選択すること。なお、アからウまでに掲げる方法による記載が可能な場合は、当該方法で記載することが望ましいこと。
　ア　労働基準法施行規則（昭和 22 年厚生省令第 23 号）別表第一の二（以下「労基則別表」という。）に基づく方法
　　　労基則別表に、事業場において取り扱う物質を原因とする疾病が記載されている場合、労基則別表に記載された疾病を記載する方法
　　例：事業場においてベンジジンを製造し、又は取り扱う場合は、労基則別表中第 7 号 1 の「ベンジジンにさらされる業務による尿路系腫瘍」から「尿路系腫瘍」、事業場においてベリリウムを製造し、又は取り扱う場合は、労基則別表中第 7 号 6 の「ベリリウムにさらされる業務による肺がん」から「肺がん」と記載
　イ　じん肺法施行規則（昭和 35 年労働省令第 6 号）第 1 条に基づく方法
　　　粉じん則第 23 条の 2 の規定に基づく掲示については、「じん肺」及びじん肺法施行規則第 1 条各号に掲げる合併症を記載する方法
　ウ　特定石綿被害建設業務労働者等に対する給付金等の支給に関する法律（令和 3 年法律第 74 号）第 2 条第 2 項に基づく方法
　　　石綿則第 34 条の規定に基づく掲示については、特定石綿被害建設業務労働者等に対する給付金

等の支給に関する法律第2条第2項各号に掲げる石綿関連疾病を記載する方法
エ　労働基準法施行規則別表第1の2第4号の規定に基づく厚生労働大臣が指定する単体たる化学物質及び化合物（合金を含む。）並びに厚生労働大臣が定める疾病（平成25年厚生労働省告示第316号。以下「疾病告示」という。）に基づく方法

　疾病告示の表中欄に掲げる化学物質に応じ、それぞれ同表の下欄に定める症状又は障害のうち、同欄に定める臓器の障害を、疾病の種類として記載する方法

　例：事業場においてアンモニアを製造し、又は取り扱う場合は、「皮膚障害、前眼部障害又は気道・肺障害」と記載

オ　日本産業規格Z 7252（GHSに基づく化学品の分類方法）に定める方法により国が行う化学物質の危険性及び有害性の分類（以下「化学品分類」という。）の結果に基づく方法

　化学品分類のうち、「特定標的臓器毒性（単回ばく露）」及び「特定標的臓器毒性（反復ばく露）」における標的臓器における障害を疾病の種類として記載する方法

　例：事業場においてオルト-トルイジンを製造し、又は取り扱う場合は、オルト-トルイジンの「特定標的臓器毒性（単回ばく露）」の分類結果は「区分1（中枢神経系、血液系、膀胱）、区分3（麻酔作用）」、「特定標的臓器毒性（反復ばく露）」の分類結果は「区分1（血液系、膀胱）」であることから、「中枢神経系障害、血液系障害、泌尿器系障害」と記載

カ　特殊健康診断の対象となる物質名等に基づく方法

　アからオまでの方法で疾病の種類を特定できない場合であって、事業場において、特化則第39条第1項等の特別規則で定める特殊健康診断の対象物質又は、特化則第2条第1項第6号の第三類物質等の特別規則で定められる物質であって特殊健康診断が義務付けられていない物質を製造し、又は取り扱うときは、当該物質による中毒（症）を疾病の種類として記載する方法

　例：事業場において硫化ジエチルを製造し、又は取り扱う場合は、「硫化ジエチル中毒（症）」と記載

キ　アからカまでの方法のうち、掲示対象物質について該当するものを組み合わせた方法

（2）疾病の症状について

　掲示対象物質により生ずるおそれのある疾病に係る「その症状」の記載方法については、次に掲げる方法のうち、事業場において取り扱う物質に応じてふさわしい方法を選択すること。

ア　疾病告示に基づく方法

　疾病告示の表の中欄に掲げる化学物質に応じ、それぞれ同表の下欄に定める症状を記載する方法

　例：事業場においてセレン化水素を製造し、又は取り扱う場合は、「頭痛、めまい、嘔吐等」と記載

イ　特殊健康診断の項目の自他覚症状に基づく方法

　特化則別表第3及び第4等の特別規則で定める特殊健康診断における自他覚症状を記載する方法

　例：事業場においてベンジジン及びその塩を製造し、又は取り扱う場合は、当該物質に係る特殊健康診断の項目における自他覚症状「血尿、頻尿、排尿痛等」と記載

ウ　有機溶剤中毒予防規則の規定により掲示すべき事項の内容及び掲示方法を定める等の件（昭和47年労働省告示第123号。令和5年3月31日廃止。以下「旧告示」という。）に基づく方法

　旧告示第1号（1）から（4）までに掲げる主な症状（頭痛、倦怠感、めまい及び貧血）を記載する方法

エ　じん肺法施行規則様式第3号の自覚症状に基づく方法

粉じん則第23条の2の規定に基づく掲示については、じん肺法施行規則様式第3号の自覚症状の欄に記載されている症状（呼吸困難、せき、たん、心悸亢進等）を記載する方法
オ　アからエまでの方法のうち、掲示対象物質について該当するものを組み合わせた方法

（3）取扱い上の注意事項について
　　安衛則第592条の8等（有機則第24条第1項を除く。）に基づく「取扱い上の注意事項」については、労働安全衛生法（昭和47年法律第57号。以下「法」という。）第57条の2第1項に基づく通知事項である「貯蔵又は取扱い上の注意」のうち取扱い上の注意に該当する内容を記載する方法、又は、日本産業規格Z 7253（GHSに基づく化学品の危険有害性情報の伝達方法－ラベル、作業場内の表示及び安全データシート（SDS））に基づく安全データシート（以下「SDS」という。）における「項目7　取扱い及び保管上の注意」の内容を記載する方法があること。
　　有機則第24条第1項の規定に基づく掲示については、旧告示第2号に掲げる以下の内容について記載し、必要に応じて、法第57条の2第1項に基づく通知事項である「貯蔵又は取扱い上の注意」のうち取扱い上の注意に該当する内容又はSDSにおける「項目7　取扱い及び保管上の注意」の内容を記載すること。
ア　有機溶剤等を入れた容器で使用中でないものには、必ずふたをすること。
イ　当日の作業に直接必要のある量以外の有機溶剤等を作業場内へ持ち込まないこと。
ウ　できるだけ風上で作業を行い、有機溶剤の蒸気の吸入をさけること。
エ　できるだけ有機溶剤等を皮膚にふれないようにすること。

（4）中毒が発生したときの応急処置について
　　有機則第24条第1項に基づき掲示する必要のある「中毒が発生したときの応急処置」については、旧告示第3号に掲げる以下の内容を記載すること。
ア　中毒の症状がある者を直ちに通風のよい場所に移し、速やかに、衛生管理者その他の衛生管理を担当する者に連絡すること。
イ　中毒の症状がある者を横向きに寝かせ、できるだけ気道を確保した状態で身体の保温に努めること。
ウ　中毒の症状がある者が意識を失っている場合は、消防機関への通報を行うこと。
エ　中毒の症状がある者の呼吸が止まった場合や正常でない場合は、速やかに仰向きにして心肺そ生を行うこと。

（5）使用すべき保護具の掲示について
　　安衛則第592条の8等に基づく「使用すべき保護具」等については、法第57条の2第1項に基づく通知事項である「貯蔵又は取扱い上の注意」のうち取扱い上の注意に該当する内容又はSDSにおける「項目8　ばく露防止及び保護措置」の内容を参考にしつつ、当該作業場におけるリスクアセスメントの結果に基づく措置として使用すべき具体的な保護具等の種類を記載すること。
　　なお、使用すべき旨が規定されている保護具が呼吸用保護具の場合は、防毒用又は防じん用の別を記載し、この別が防毒用のときは吸収缶の種類、防じん用のときは性能区分も記載することが望ましいこと。使用すべき旨が規定されている保護具が防護手袋の場合は、その種類についても記載することが望ましいこと。

2　掲示方法について
　　安衛則第592条の8等の掲示方法は、作業場において作業に従事する全ての者が作業中に容易に視

認できる方法によることをいい、掲示板による掲示のほか、デジタルサイネージ等の電子情報処理組織を使用する等の方法があること。

3　その他

　1（1）及び（2）の「おそれのある疾病の種類」及び「疾病の症状」の記載例については、独立行政法人労働者健康安全機構労働安全衛生総合研究所化学物質情報管理研究センターのホームページに物質別に掲載する予定であるので、参考にされたい。

2. 健康診断項目の設定に関する資料

資料 2-2

「労働安全衛生規則第 592 条の 8 等で定める有害性等の掲示内容について（令和 5 年 3 月 29 日付基発 0329 第 32 号）」に基づく、有害物の有害性等に関する掲示内容における「おそれのある疾病の種類」及び「疾病の症状」の記載例

法令	物質名	「おそれのある疾病の種類」	「疾病の症状」
安衛則	ダイオキシン *1	前眼部障害、皮膚障害（塩素ざ瘡等）、肝障害、腎障害、血液系障害、免疫系障害、泌尿器系障害、内分泌系障害、発がんのおそれ、生殖毒性のおそれ、神経系障害	眼の痛み、流涙、結膜充血、皮膚炎、皮膚掻痒感（かゆみ）、皮膚発赤、ざ瘡（にきび）、頭痛、頭重、めまい、眠気、吐き気、嘔吐、全身倦怠感、四肢の知覚異常、四肢の運動障害、易疲労感、黄疸、血尿、頻尿、排尿痛、下腹部痛、残尿感、口渇、多飲、多尿、顔面蒼白、心悸亢進（動悸）、ふらつき、体重減少
安衛則	ダイオキシン類	中枢神経障害、末梢神経障害、皮膚障害（塩素ざ瘡等）、肝障害、内分泌系障害、免疫系障害、発がんのおそれ、生殖毒性のおそれ	皮膚炎、皮膚掻痒感（かゆみ）、皮膚発赤、ざ瘡（にきび）、頭痛、頭重、めまい、眠気、吐き気、嘔吐、全身倦怠感、四肢の知覚異常、四肢の運動障害、易疲労感、黄疸、口渇、多飲、多尿、ふらつき、体重減少
特化則・第 1 類物質・特別管理物質	ジクロルベンジジン及びその塩	泌尿器系障害、泌尿器系腫瘍	皮膚炎、頭痛、めまい、せき、呼吸器の刺激症状、咽頭痛、血尿、多尿、乏尿、むくみ、頻尿、排尿痛、排尿時不快感、下腹部痛、残尿感、全身倦怠感、体重減少
特化則・第 1 類物質・特別管理物質	アルファーナフチルアミン及びその塩	前眼部障害、皮膚障害、血液系障害、泌尿器系障害、尿路系腫瘍	眼の痛み、流涙、結膜充血、皮膚炎、皮膚掻痒感（かゆみ）、皮膚発赤、顔面蒼白、心悸亢進（動悸）、頭痛、吐き気、意識障害、チアノーゼ、めまい、ふらつき、血尿、多尿、乏尿、むくみ、頻尿、排尿痛、排尿時不快感、下腹部痛、残尿感、全身倦怠感、体重減少
特化則・第 1 類物質	塩素化ビフェニル（別名 PCB）	皮膚障害（塩素ざ瘡等）、気道障害、肝障害、消化器系障害、血液系障害、免疫系障害、発がんのおそれ、生殖毒性のおそれ	眼脂、結膜充血、爪の変色および変形、皮膚炎、皮膚掻痒感（かゆみ）、皮膚発赤、ざ瘡（にきび）、全身倦怠感、易疲労感、黄疸、腹痛、下痢、嘔吐、食欲不振、顔面蒼白、心悸亢進（動悸）、めまい、ふらつき、体重減少
特化則・第 1 類物質・特別管理物質	オルトートリジン及びその塩	肝障害、腎障害、血液系障害、発がんのおそれ	眼の痛み、流涙、結膜充血、全身倦怠感、易疲労感、黄疸、血尿、多尿、乏尿、むくみ、顔面蒼白、心悸亢進（動悸）、めまい、ふらつき、息切れ、排尿痛、排尿時不快感、下腹部痛、残尿感、体重減少
特化則・第 1 類物質・特別管理物質	ジアニシジン及びその塩	皮膚障害、呼吸器系障害、肝障害、血液系障害、泌尿器系障害、泌尿器系腫瘍	皮膚炎、皮膚掻痒感（かゆみ）、皮膚発赤、粘膜刺激症状、せき、全身倦怠感、易疲労感、黄疸、顔面蒼白、心悸亢進（動悸）、めまい、ふらつき、息切れ、血尿、頻尿、排尿痛、下腹部痛、排尿時不快感、残尿感、体重減少
特化則・第 1 類物質・特別管理物質	ベリリウム及びその化合物 *2	前眼部障害、皮膚障害、皮膚感作性、気道・肺障害（ベリリウム肺等）、呼吸器感作性、呼吸器系腫瘍（肺がん等）	眼の痛み、流涙、結膜充血、皮膚炎、皮膚掻痒感（かゆみ）、皮膚発赤、皮膚潰瘍、湿疹、じんま疹、せき、息切れ、胸痛、呼吸困難、喘息様発作、胸部不安感、鼻水、鼻閉、鼻・喉の痛み、全身倦怠感、体重減少

153

分類	物質名	障害	症状
特化則・第1類物質・特別管理物質	ベンゾトリクロリド	前眼部障害、皮膚障害、中枢神経障害、気道障害、副鼻腔炎、肝障害、腎障害、血液系障害、肺がん、内分泌系障害（甲状腺）、生殖毒性のおそれの疑い	眼の痛み、流涙、結膜充血、皮膚炎、皮膚掻痒感（かゆみ）、皮膚発赤、鼻出血、嗅覚脱失、頬・鼻周囲・額の痛み、顔やまぶたの腫れ、発熱、鼻ポリープ、頭痛、頭重、めまい、眠気、嘔吐、せき、たん、息切れ、鼻水、鼻閉、鼻・喉の痛み、全身倦怠感、易疲労感、黄疸、血尿、多尿、乏尿、むくみ、顔面蒼白、心悸亢進（動悸）、めまい、ふらつき、胸痛、頸部等のリンパ節の肥大、体重減少
特化則・第2類物質	アクリルアミド	前眼部障害、皮膚障害、皮膚感作性、中枢神経障害、末梢神経障害、血液系障害、発がんのおそれ、生殖毒性のおそれ（男性）	眼の痛み、流涙、結膜充血、皮膚炎、皮膚掻痒感（かゆみ）、皮膚発赤、湿疹、じんま疹、頭痛、頭重、めまい、眠気、嘔吐、全身倦怠感、四肢の知覚異常、四肢の運動障害、顔面蒼白、心悸亢進（動悸）、めまい、ふらつき、体重減少
特化則・第2類物質	アクリロニトリル	前眼部障害、皮膚障害、皮膚感作性、中枢神経障害、気道障害、肝障害、腎障害、血液系障害、発がんのおそれ、生殖毒性のおそれ	眼の痛み、流涙、結膜充血、皮膚炎、皮膚掻痒感（かゆみ）、皮膚発赤、湿疹、じんま疹、頭痛、頭重、めまい、眠気、吐き気、嘔吐、全身倦怠感、せき、息切れ、鼻水、鼻閉、鼻・喉の痛み、鼻出血、全身倦怠感、易疲労感、黄疸、血尿、多尿、乏尿、むくみ、顔面蒼白、心悸亢進（動悸）、めまい、ふらつき、体重減少
特化則・第2類物質	アルキル水銀化合物（アルキル基がメチル基又はエチル基である物に限る。）*2	皮膚障害、中枢神経障害、末梢神経障害（四肢末端もしくは口囲の知覚障害、運動失調、平衡障害、構語障害、視覚障害又は聴力障害等）	皮膚炎、皮膚掻痒感（かゆみ）、皮膚発赤、頭痛、頭重、めまい、吐き気、嘔吐、全身倦怠感、食欲不振、書字拙劣、小書症、悪夢、視力障害、聴力障害、言語障害、注意散漫および記憶力減退、関節痛、不眠、嗜眠、抑うつ感・不安感、運動障害、感覚障害、体重減少
特化則・第2類物質・特別管理物質	インジウム化合物 *3	前眼部障害、皮膚障害、肺障害（間質性肺炎）、発がんのおそれ	皮膚炎、皮膚掻痒感（かゆみ）、皮膚発赤、眼の痛み、流涙、結膜充血、せき、たん、息切れ、胸痛、全身倦怠感、体重減少
特化則・第2類物質・特別管理物質	エチルベンゼン	前眼部障害、中枢神経障害、末梢神経障害、聴力障害、気道障害、肝障害、腎障害、発がんのおそれの疑い、生殖毒性のおそれ	眼の痛み、流涙、結膜充血、皮膚発赤、頭痛、頭重、めまい、眠気、嘔吐、全身倦怠感、聴力低下、せき、息切れ、鼻水、鼻閉、鼻・喉の痛み、顔面蒼白、心悸亢進（動悸）、ふらつき、息切れ、易疲労感、黄疸、血尿、多尿、乏尿、むくみ、体重減少
特化則・第2類物質・特別管理物質	エチレンイミン	前眼部障害、皮膚障害、中枢神経障害、気道障害、肝障害、腎障害、発がんのおそれの疑い、生殖毒性のおそれの疑い	皮膚炎、皮膚掻痒感（かゆみ）、皮膚発赤、眼の痛み、流涙、結膜充血、頭痛、頭重、めまい、眠気、嘔吐、全身倦怠感、せき、たん、息切れ、鼻水、鼻閉、鼻・喉の痛み、胸痛、易疲労感、黄疸、血尿、多尿、乏尿、むくみ、体重減少
特化則・第2類物質・特別管理物質	エチレンオキシド	前眼部障害、皮膚障害、皮膚感作性、中枢神経障害、末梢神経障害、気道障害、肺障害、腎障害、血液系障害、発がんのおそれ、生殖毒性のおそれ	眼の痛み、流涙、結膜充血、皮膚炎、皮膚掻痒感（かゆみ）、皮膚発赤、湿疹、じんま疹、頭痛、頭重、めまい、眠気、嘔吐、全身倦怠感、四肢の知覚異常、四肢の運動障害、せき、息切れ、鼻水、鼻閉、鼻・喉の痛み、胸痛、呼吸困難、易疲労感、黄疸、血尿、多尿、乏尿、むくみ、顔面蒼白、心悸亢進（動悸）、めまい、ふらつき、体重減少

2．健康診断項目の設定に関する資料

特化則・第2類物質・特別管理物質	塩化ビニル	皮膚障害、中枢神経障害、呼吸器障害、肝障害（門脈圧亢進症）、肝血管肉腫、肝細胞がん、循環器系障害（レイノー現象等）、精巣障害、血液系障害、指端骨溶解症、生殖毒性のおそれの疑い	皮膚炎、皮膚搔痒感（かゆみ）、皮膚発赤、頭痛、頭重、めまい、眠気、嘔吐、全身倦怠感、易疲労感、黄疸、顔面蒼白、心悸亢進（動悸）、めまい、ふらつき、手指の痛み、レイノー症状、体重減少
特化則・第2類物質	塩素	前眼部障害、皮膚障害、肝障害、腎障害、血液系障害、泌、気道障害、肺障害、肝臓病、腎臓病、歯牙障害（歯牙酸蝕）	眼の痛み、流涙、結膜充血、皮膚炎、皮膚搔痒感（かゆみ）、皮膚発赤、皮膚の腫瘤、角膜の異常、視力障害、せき、たん、息切れ、鼻水、鼻閉、鼻・喉の痛み、胸痛、呼吸困難、全身倦怠感、易疲労感、黄疸、血尿、多尿、乏尿、むくみ、口腔内の痛み、歯痛
特化則・第2類物質・特別管理物質	オーラミン	肝障害、泌尿器系障害、尿路系腫瘍	全身倦怠感、易疲労感、黄疸、血尿、頻尿、排尿痛、下腹部痛、残尿感、体重減少
特化則・第2類物質・特別管理物質	オルト－トルイジン	前眼部障害、中枢神経障害、血液系障害（溶血性貧血又はメトヘモグロビン血症）、泌尿器系障害、泌尿器系腫瘍（膀胱がん等）	眼の痛み、流涙、結膜充血、頭痛、頭重、めまい、眠気、嘔吐、全身倦怠感、血尿、頻尿、排尿痛、下腹部痛、残尿感、顔面蒼白、心悸亢進（動悸）、ふらつき、チアノーゼ、尿の着色、体重減少
特化則・第2類物質	オルト－フタロジニトリル	中枢神経障害、精巣障害、眼障害	頭痛、頭重、めまい、眠気、嘔吐、全身倦怠感、意識消失を伴う痙攣、もの忘れ、不眠、吐き気、食欲不振、顔面蒼白、手指のふるえ、脳神経系症状、眼のかすみ、羞明、胃腸症状（腹痛、下痢、嘔吐等）、体重減少
特化則・第2類物質	カドミウム及びその化合物 *2	気道障害、肺障害、腎障害、消化器系障害、血液系障害、骨軟化、発がんのおそれ、生殖毒性のおそれの疑い	せき、たん、息切れ、鼻水、鼻閉、鼻・喉の痛み、息切れ、胸痛、呼吸困難、血尿、多尿、乏尿、むくみ、顔面蒼白、心悸亢進（動悸）、めまい、ふらつき、腹痛、下痢、嘔吐、食欲不振、全身倦怠感、体重減少
特化則・第2類物質・特別管理物質	クロム酸及びその塩 *2	前眼部障害、皮膚障害（潰瘍等）、皮膚感作性、気道障害、肺障害、呼吸器感作性、呼吸器系腫瘍（肺がんまたは上気道のがん）、鼻腔の異常（鼻中隔穿孔）、嗅覚障害、肝障害、腎障害、循環器系障害、血液系障害、生殖毒性のおそれ	眼の痛み、流涙、結膜充血、皮膚炎、皮膚搔痒感（かゆみ）、皮膚発赤、皮膚の痛み、皮膚の潰瘍、湿疹、じんま疹、鼻粘膜の異常、鼻中隔穿孔、せき、たん、息切れ、喘息様症状、鼻水、鼻閉、鼻・喉の痛み、胸痛、呼吸困難、全身倦怠感、易疲労感、黄疸、血尿、多尿、乏尿、むくみ、顔面蒼白、心悸亢進（動悸）、めまい、ふらつき、体重減少
特化則・第2類物質・特別管理物質	クロロホルム	前眼部障害、皮膚障害、中枢神経障害、気道障害、肝障害、腎障害、循環器系障害、発がんのおそれの疑い、生殖毒性のおそれの疑い	眼の痛み、流涙、結膜充血、皮膚炎、皮膚搔痒感（かゆみ）、皮膚発赤、頭痛、頭重、めまい、ふらつき、眠気、吐き気、嘔吐、食欲不振、知覚異常、全身倦怠感、せき、息切れ、鼻水、鼻閉、鼻・喉の痛み、易疲労感、黄疸、血尿、多尿、乏尿、むくみ、体重減少
特化則・第2類物質・特別管理物質	クロロメチルメチルエーテル	前眼部障害、皮膚障害、気道・肺障害、呼吸器系腫瘍	眼の痛み、流涙、結膜充血、皮膚炎、皮膚搔痒感（かゆみ）、皮膚発赤、せき、たん、息切れ、鼻水、鼻閉、鼻・喉の痛み、胸痛、呼吸困難、全身倦怠感、体重減少

特化則・第2類物質	五酸化バナジウム	前眼部障害、皮膚障害、気道・肺障害、肝障害、腎障害、発がんのおそれ、生殖毒性のおそれの疑い	眼の痛み、流涙、結膜充血、皮膚炎、皮膚掻痒感（かゆみ）、皮膚発赤、皮膚の蒼白、舌の緑着色、指端の手掌部の角化、手指のふるえ、せき、たん、息切れ、鼻水、鼻閉、鼻・喉の痛み、胸痛、呼吸困難、全身倦怠感、易疲労感、黄疸、血尿、多尿、乏尿、むくみ、体重減少
特化則・第2類物質・特別管理物質	コバルト及びその無機化合物 *2	前眼部障害、皮膚障害、皮膚感作性、気道障害、肺障害、呼吸器感作性、循環器系障害、内分泌系障害（甲状腺）、血液系障害、生殖器障害（男性）、発がんのおそれの疑い、生殖毒性のおそれ	皮膚炎、皮膚掻痒感（かゆみ）、皮膚発赤、湿疹、じんま疹、頭痛、頭重、めまい、眠気、嘔吐、全身倦怠感、せき、息切れ、喘息様発作、鼻水、鼻閉、鼻・喉の痛み、徐脈、むくみ、胸痛、呼吸困難、易疲労感、黄疸、血尿、多尿、乏尿、体重減少
特化則・第2類物質・特別管理物質	コールタール	前眼部障害、皮膚障害、皮膚感作性、消化器系障害、血液系障害、気道障害、肺障害、発がんのおそれ	眼の痛み、流涙、結膜充血、皮膚炎、にきび様変化、黒皮症、いぼ、皮膚潰瘍、ガス斑等、湿疹、じんま疹、せき、たん、息切れ、鼻水、鼻閉、鼻・喉の痛み、胸痛、呼吸困難、顔面蒼白、心悸亢進（動悸）、めまい、ふらつき、全身倦怠感、易疲労感、体重減少、腹痛、下痢、嘔吐、食欲不振
特化則・第2類物質・特別管理物質	酸化プロピレン	前眼部障害、皮膚障害、皮膚感作性、中枢神経障害、気道障害、肺障害、発がんのおそれの疑い、生殖毒性のおそれの疑い	眼の痛み、流涙、結膜充血、皮膚炎、皮膚掻痒感（かゆみ）、皮膚発赤、湿疹、じんま疹、頭痛、頭重、めまい、眠気、嘔吐、全身倦怠感、せき、息切れ、鼻水、鼻閉、鼻・喉の痛み、胸痛、呼吸困難、体重減少
特化則・第2類物質・特別管理物質	三酸化二アンチモン	前眼部障害、皮膚障害（アンチモン皮疹等）、気道障害、肺障害、心筋障害、消化器系障害、発がんのおそれ	眼の痛み、流涙、結膜充血、皮膚炎（アンチモン皮疹等）、皮膚掻痒感（かゆみ）、皮膚発赤、頭痛、めまい、嘔吐、せき、たん、息切れ、鼻・喉の痛み、胸痛、呼吸困難、腹痛、下痢、食欲不振、全身倦怠感、体重減少
特化則・第2類物質	シアン化カリウム	眼部障害、皮膚障害、中枢神経障害、呼吸困難、呼吸停止、意識喪失、けいれん、肝障害、腎障害、消化器系障害、内分泌系障害（甲状腺）	眼の痛み、流涙、結膜充血、皮膚炎、皮膚掻痒感（かゆみ）、皮膚発赤、異味症、心悸亢進（動悸）、声のかすれ、散瞳、頭痛、頭重、めまい、眠気、嘔吐、全身倦怠感、意識消失、せき、息切れ、鼻水、鼻閉、鼻・喉の痛み、胸痛、呼吸困難、易疲労感、黄疸、血尿、多尿、乏尿、むくみ、腹痛、下痢、食欲不振、体重減少
特化則・第2類物質	シアン化水素	前眼部障害、中枢神経障害、循環器系障害、消化器系障害	眼の痛み、流涙、結膜充血、異味症、心悸亢進（動悸）、声のかすれ、呼吸困難、散瞳、皮膚または粘膜の紅潮、頭痛、頭重、めまい、眠気、嘔吐、全身倦怠感、腹痛、下痢、食欲不振、体重減少
特化則・第2類物質	シアン化ナトリウム	前眼部障害、皮膚障害、中枢神経障害、腎障害、消化器系障害、内分泌系障害（副腎）、精巣障害、生殖毒性のおそれの疑い	眼の痛み、流涙、結膜充血、皮膚炎、皮膚掻痒感（かゆみ）、皮膚発赤、異味症、心悸亢進（動悸）、声のかすれ、呼吸困難、散瞳、頭痛、頭重、めまい、眠気、嘔吐、全身倦怠感、血尿、多尿、乏尿、むくみ、腹痛、下痢、食欲不振、体重減少
特化則・第2類物質・特別管理物質	四塩化炭素	前眼部障害、皮膚障害、皮膚感作性、中枢神経障害、肝障害、腎障害、消化器系障害、発がんのおそれ、生殖毒性のおそれ	眼の痛み、流涙、結膜充血、皮膚炎、皮膚掻痒感（かゆみ）、皮膚発赤、湿疹、じんま疹、頭痛、頭重、めまい、眠気、吐き気、嘔吐、全身倦怠感、易疲労感、黄疸、血尿、多尿、乏尿、むくみ、腹痛、下痢、食欲不振、顔面蒼白、心悸亢進（動悸）、体重減少

特化則・第2類物質・特別管理物質	1,4-ジオキサン	前眼部障害、皮膚障害、中枢神経障害、気道障害、肺障害、肝障害、腎障害、発がんのおそれ	眼の痛み、流涙、結膜充血、皮膚炎、皮膚掻痒感（かゆみ）、皮膚発赤、頭痛、頭重、めまい、けいれん、眠気、吐き気、嘔吐、全身倦怠感、顔面蒼白、心悸亢進（動悸）、せき、息切れ、鼻水、鼻閉、鼻・喉の痛み、胸痛、呼吸困難、易疲労感、黄疸、血尿、多尿、乏尿、むくみ、体重減少
特化則・第2類物質・特別管理物質	1,2-ジクロロエタン（別名二塩化エチレン）	前眼部障害、皮膚障害、中枢神経障害、末梢神経障害、気道障害、肺障害、肝障害、腎障害、循環器系障害、血液系障害、消化器系障害、内分泌系障害（甲状腺）、発がんのおそれ	眼の痛み、流涙、結膜充血、皮膚炎、皮膚掻痒感（かゆみ）、皮膚発赤、頭痛、頭重、めまい、眠気、吐き気、嘔吐、全身倦怠感、せき、息切れ、鼻水、鼻閉、鼻・喉の痛み、動悸、多汗、疲労、胸痛、呼吸困難、易疲労感、黄疸、血尿、多尿、乏尿、むくみ、腹痛、下痢、食欲不振、顔面蒼白、心悸亢進（動悸）、めまい、ふらつき、体重減少
特化則・第2類物質・特別管理物質	3,3'-ジクロロ-4,4'-ジアミノジフェニルメタン	肝障害、腎障害、消化器系障害、血液系障害、尿路系腫瘍、呼吸器系腫瘍	せき、たん、胸痛、呼吸困難、上腹部違和感、全身倦怠感、易疲労感、黄疸、血尿、多尿、乏尿、むくみ、腹痛、下痢、嘔吐、食欲不振、顔面蒼白、心悸亢進（動悸）、めまい、ふらつき、体重減少
特化則・第2類物質・特別管理物質	1,2-ジクロロプロパン	前眼部障害、皮膚障害、皮膚感作性、中枢神経障害、気道障害、肝障害、胆管がん、腎障害、血液系障害（溶血性貧血）、生殖毒性のおそれの疑い	眼の痛み、流涙、結膜充血、皮膚炎、皮膚掻痒感（かゆみ）、湿疹、じんま疹、皮膚発赤、頭痛、頭重、めまい、眠気、吐き気、上腹部痛、嘔吐、せき、息切れ、鼻水、鼻閉、鼻・喉の痛み、胸痛、呼吸困難、全身倦怠感、易疲労感、黄疸、血尿、多尿、乏尿、むくみ、顔面蒼白、心悸亢進（動悸）、めまい、ふらつき、体重減少
特化則・第2類物質・特別管理物質	ジクロロメタン（別名二塩化メチレン）	前眼部障害、皮膚障害、中枢神経障害、気道障害、肺障害、肝障害、胆管がん、生殖器障害（男性）、生殖毒性のおそれの疑い	眼の痛み、流涙、結膜充血、皮膚炎、皮膚掻痒感（かゆみ）、皮膚発赤、頭痛、頭重、めまい、眠気、集中力の低下、吐き気、嘔吐、全身倦怠感、易疲労感、黄疸、顔面蒼白、心悸亢進（動悸）、胸痛、呼吸困難、息切れ、体重減少
特化則・第2類物質・特別管理物質	ジメチル-2,2-ジクロロビニルホスフェイト（別名DDVP）	前眼部障害、皮膚障害、皮膚感作性、中枢神経障害、末梢神経障害、有機リン中毒、肝障害、発がんのおそれ	眼の痛み、流涙、結膜充血、皮膚炎、皮膚掻痒感（かゆみ）、皮膚発赤、湿疹、じんま疹、頭痛、頭重、めまい、眠気、嘔吐、全身倦怠感、四肢の知覚異常、四肢の運動障害、縮瞳、唾液分泌過多、吐き気、下痢、易疲労感、黄疸、体重減少
特化則・第2類物質・特別管理物質	1,1-ジメチルヒドラジン	前眼部障害、皮膚障害、皮膚感作性、中枢神経障害、気道障害、肺障害、肝障害、血液系障害、発がんのおそれの疑い	眼の痛み、流涙、結膜充血、皮膚炎、皮膚掻痒感（かゆみ）、皮膚発赤、湿疹、じんま疹、せき、息切れ、鼻水、鼻閉、鼻・喉の痛み、全身倦怠感、易疲労感、黄疸、顔面蒼白、心悸亢進（動悸）、めまい、ふらつき、胸痛、呼吸困難、息切れ、体重減少
特化則・第2類物質	臭化メチル	前眼部障害、皮膚障害、中枢神経障害（協調運動障害、振せん等）、精神障害（性格変化、せん妄、幻覚等）、気道・肺障害、循環器障害、肝障害、腎障害、消化器系障害、血液系障害、生殖毒性のおそれの疑い	眼の痛み、流涙、結膜充血、皮膚炎、皮膚掻痒感（かゆみ）、皮膚発赤、幻覚等の精神障害又は意識障害、鼻炎、咽喉痛、せき、四肢のしびれ、視力低下、記憶力低下、発語障害、腱反射亢進、歩行困難、頭痛、頭重、めまい、吐き気、嘔吐、全身倦怠感、易疲労感、黄疸、血尿、多尿、乏尿、むくみ、腹痛、下痢、食欲不振、顔面蒼白、心悸亢進（動悸）、ふらつき、胸痛、呼吸困難、息切れ
特化則・第2類物質・特別管理物質	重クロム酸及びその塩 *2	皮膚障害（潰瘍等）、気道障害、肺障害、皮膚感作性、呼吸器感作性、呼吸器系腫瘍（肺がん又は上気道のがん）、鼻腔の異常（鼻中隔穿孔）、肝障害、腎障害	皮膚炎、皮膚掻痒感（かゆみ）、皮膚発赤、皮膚の痛み、皮膚の潰瘍、湿疹、じんま疹、胸痛、鼻粘膜の異常、鼻中隔穿孔、せき、たん、息切れ、鼻・喉の痛み、喘息様発作、全身倦怠感、易疲労感、黄疸、血尿、多尿、乏尿、むくみ、胸痛、呼吸困難、体重減少

157

区分	物質名	健康障害	症状
特化則・第2類物質	水銀及びその無機化合物（硫化水銀を除く。）*2	前眼部障害、皮膚障害、皮膚感作性、中枢神経障害（振せん、歩行障害等）、焦燥感、記憶減退、不眠等の精神障害、口腔粘膜障害、末梢神経障害、肝障害、腎障害、血液系障害、循環器系障害、生殖毒性のおそれ	眼の痛み、流涙、結膜充血、皮膚炎、皮膚掻痒感（かゆみ）、皮膚発赤、湿疹、じんま疹、手指のふるえ、頭痛、頭重、めまい、吐き気、嘔吐、全身倦怠感、易疲労感、不眠、黄疸、四肢の知覚異常、四肢の運動障害、血尿、多尿、乏尿、むくみ、顔面蒼白、心悸亢進（動悸）、ふらつき、口腔内の痛み、歯痛
特化則・第2類物質・特別管理物質	スチレン	皮膚障害、前眼部障害、中枢神経障害、末梢神経障害、視覚障害、聴覚障害、肝障害、気道障害、発がんのおそれ、生殖毒性のおそれ	眼の痛み、流涙、結膜充血、皮膚炎、皮膚掻痒感（かゆみ）、皮膚発赤、頭痛、頭重、めまい、眠気、嘔吐、全身倦怠感、四肢の知覚異常、四肢の運動障害、視力低下、聴力低下、せき、息切れ、鼻水、鼻閉、鼻・喉の痛み、顔面蒼白、心悸亢進（動悸）、易疲労感、頸部等のリンパ節の腫大、黄疸、体重減少
特化則・第2類物質・特別管理物質	1,1,2,2-テトラクロロエタン（別名四塩化アセチレン）	前眼部障害、皮膚障害、中枢神経障害、気道障害、肝障害、腎障害、発がんのおそれ	眼の痛み、流涙、結膜充血、皮膚炎、皮膚掻痒感（かゆみ）、皮膚発赤、せき、たん、息切れ、鼻・喉の痛み、頭痛、頭重、めまい、眠気、吐き気、嘔吐、全身倦怠感、易疲労感、顔面蒼白、心悸亢進（動悸）、黄疸、血尿、多尿、乏尿、むくみ、体重減少
特化則・第2類物質・特別管理物質	テトラクロロエチレン（別名パークロルエチレン）	前眼部障害、気道障害、中枢神経障害、末梢神経障害、肝障害、腎障害、発がんのおそれ、生殖毒性のおそれの疑い	眼の痛み、流涙、結膜充血、頭痛、頭重、めまい、眠気、吐き気、嘔吐、全身倦怠感、ふるえ、四肢の知覚異常、せき、息切れ、鼻水、鼻閉、鼻・喉の痛み、易疲労感、顔面蒼白、心悸亢進（動悸）、黄疸、血尿、多尿、乏尿、むくみ、体重減少
特化則・第2類物質・特別管理物質	トリクロロエチレン	前眼部障害、皮膚障害、皮膚感作性、中枢神経障害、末梢神経障害（視神経障害・三叉神経障害等）、気道障害、肺障害、肝障害、腎障害、腎臓がん、肝胆道系がん、造血器がん、生殖毒性のおそれの疑い	眼の痛み、流涙、結膜充血、皮膚炎、皮膚掻痒感（かゆみ）、皮膚発赤、湿疹、じんま疹、頭痛、頭重、めまい、眠気、吐き気、嘔吐、全身倦怠感、ふるえ、四肢の知覚異常、四肢の運動障害、せき、たん、息切れ、鼻・喉の痛み、胸痛、呼吸困難、顔面蒼白、心悸亢進（動悸）、易疲労感、黄疸、血尿、多尿、乏尿、むくみ、頸部等のリンパ節の腫大、体重減少
特化則・第2類物質	トリレンジイソシアネート	前眼部障害、皮膚障害、皮膚感作性、気道障害、肺障害、呼吸器感作性、視力障害、発がんのおそれの疑い	眼の痛み、流涙、結膜充血、皮膚炎、皮膚掻痒感（かゆみ）、皮膚発赤、湿疹、じんま疹、咽頭部異和感、視力障害、せき、たん、胸部圧迫感、息切れ、鼻水、鼻閉、鼻・喉の痛み、胸痛、呼吸困難、喘息様発作、全身倦怠感、体重減少
特化則・第2類物質・特別管理物質	ナフタレン	前眼部障害、皮膚障害、皮膚感作性、中枢神経障害、眼毒性（白内障・網膜異常）、気道障害、消化器系障害、血液系障害（溶血性貧血）、発がんのおそれの疑い	眼の痛み、流涙、結膜充血、皮膚炎、皮膚掻痒感（かゆみ）、皮膚発赤、湿疹、じんま疹、頭痛、頭重、めまい、眠気、嘔吐、全身倦怠感、眼のかすみ、羞明、視力低下、せき、息切れ、鼻水、鼻閉、鼻・喉の痛み、息切れ、チアノーゼ、腹痛、下痢、食欲不振、体重減少、顔面蒼白、心悸亢進（動悸）、めまい、ふらつき
特化則・第2類物質・特別管理物質	ニッケル化合物（粒状の物に限る。）*2	皮膚障害、皮膚感作性、気道障害、呼吸器感作性、腎障害、呼吸器系腫瘍（肺がん又は上気道のがん）、鼻腔の異常（鼻炎、副鼻腔炎、鼻中隔穿孔等）	皮膚炎、皮膚掻痒感（かゆみ）、皮膚発赤、湿疹、じんま疹、鼻炎、頬・鼻周囲・額の痛み、顔やまぶたの腫れ、発熱、頭重、嗅覚脱失、鼻中隔穿孔等、せき、息切れ、鼻水、鼻閉、鼻・喉の痛み、全身倦怠感、血尿、多尿、乏尿、むくみ、喘息様発作、体重減少

区分	物質名	健康障害	自覚症状
特化則・第2類物質・特別管理物質	ニッケルカルボニル	皮膚障害、皮膚感作性、中枢神経障害、気道障害、肺障害、呼吸器感作性、肝障害、腎障害、消化器系障害、発がんのおそれ、生殖毒性のおそれ	皮膚炎、皮膚掻痒感（かゆみ）、皮膚発赤、湿疹、膨疹、頭痛、頭重、めまい、眠気、嘔吐、全身倦怠感、血尿、多尿、乏尿、むくみ、せき、息切れ、鼻水、鼻閉、鼻・喉の痛み、胸痛、呼吸困難、喘息様発作、体重減少
特化則・第2類物質	ニトログリコール	中枢神経障害、末梢神経障害、循環器系障害（狭心症様発作または血管運動神経障害）、血液系障害、消化器系障害	頭痛、頭重、めまい、眠気、嘔吐、全身倦怠感、肩こり、冷感、神経痛、脱力感、腹痛、下痢、吐き気、食欲不振、四肢の知覚異常、四肢の運動障害、顔面蒼白、心悸亢進（動悸）、めまい、ふらつき
特化則・第2類物質・特別管理物質	パラ-ジメチルアミノアゾベンゼン	前眼部障害、皮膚障害、気道障害、泌尿器系障害、泌尿器系腫瘍、肝障害、発がんのおそれの疑い（肝臓がん）	眼の痛み、流涙、結膜充血、せき、咽頭痛、喘鳴、呼吸器の刺激症状、皮膚掻痒感（かゆみ）、皮膚発赤、血尿、頻尿、排尿痛、下腹部痛、残尿感、全身倦怠感、体重減少
特化則・第2類物質	パラ-ニトロクロルベンゼン	中枢神経障害、血液系障害（溶血性貧血、メトヘモグロビン血症）、発がんのおそれ、生殖毒性のおそれ	頭痛、頭重、めまい、眠気、嘔吐、全身倦怠感、顔面蒼白、心悸亢進（動悸）、めまい、ふらつき、疲労感、チアノーゼ、尿の着色、全身倦怠感、体重減少
特化則・第2類物質・特別管理物質	砒素及びその化合物（アルシン及び砒化ガリウムを除く。）	前眼部障害、皮膚障害（黒皮症、角化症等）、末梢神経障害（下肢神経炎等）、気道障害、肺がん、皮膚がん、鼻中隔穿孔、肝障害、腎障害、消化器系障害、血液系障害、生殖毒性のおそれの疑い	眼の痛み、流涙、結膜充血、皮膚炎、皮膚掻痒感（かゆみ）、皮膚発赤、四肢の知覚異常、四肢の運動障害、せき、息切れ、鼻水、鼻閉、鼻・喉の痛み、口内炎、便秘、皮膚の色素沈着・色素脱失・角化等、皮膚潰瘍、爪及び毛髪の萎縮又は欠損、全身倦怠感、易疲労感、黄疸、血尿、多尿、乏尿、むくみ、腹痛、下痢、嘔吐、食欲不振、顔面蒼白、心悸亢進（動悸）、めまい、ふらつき、体重減少
特化則・第2類物質	弗化水素	皮膚障害、前眼部障害、気道障害、肺障害、循環器系障害、歯牙障害、骨の異常	眼の痛み、流涙、結膜充血、皮膚炎、皮膚掻痒感（かゆみ）、皮膚発赤、せき、息切れ、鼻水、鼻閉、鼻・喉の痛み、胸痛、呼吸困難、全身倦怠感、体重減少、口腔内の痛み、歯痛、歯牙の変色
特化則・第2類物質・特別管理物質	ベータ-プロピオラクトン	前眼部障害、皮膚障害、気道障害、発がんのおそれの疑い	眼の痛み、流涙、結膜充血、皮膚炎、皮膚掻痒感（かゆみ）、皮膚発赤、せき、たん、息切れ、胸痛、呼吸困難、鼻・喉の痛み、全身倦怠感、体重減少
特化則・第2類物質・特別管理物質	ベンゼン	前眼部障害、皮膚障害、中枢神経障害、末梢神経障害、気道障害、循環器系障害、免疫系障害、血液系障害（再生不良性貧血等の造血器障害）、生殖毒性のおそれの疑い、発がん性のおそれ（白血病）	眼の痛み、流涙、結膜充血、皮膚炎、皮膚掻痒感（かゆみ）、皮膚発赤、頭痛、頭重、めまい、眠気、嘔吐、全身倦怠感、四肢の知覚異常、四肢の運動障害、せき、息切れ、鼻水、鼻閉、鼻・喉の痛み、顔面蒼白、心悸亢進（動悸）、失神、意識障害、出血傾向（鼻血、皮下出血、あざ等）、ふらつき、体重減少
特化則・第2類物質	ペンタクロルフェノール（別名PCP）及びそのナトリウム塩	前眼部障害、皮膚障害、中枢神経障害、気道障害、肝障害、腎障害、循環器系障害、消化器系障害、発がんのおそれ、生殖毒性のおそれ	眼の痛み、流涙、結膜充血、皮膚炎、皮膚掻痒感（かゆみ）、皮膚発赤、塩素ざ瘡（にきび）、色素沈着、毛孔角化および爪の変色、頭痛、頭重、めまい、眠気、嘔吐、食欲不振、甘味嗜好、全身倦怠感、せき、息切れ、鼻水、鼻閉、鼻・喉の痛み、易疲労感、黄疸、血尿、多尿、乏尿、むくみ、腹痛、下痢、食欲不振、心悸亢進（動悸）、体重減少
特化則・第2類物質・特別管理物質	ホルムアルデヒド	前眼部障害、皮膚障害、皮膚感作性、中枢神経障害、気道・肺障害、呼吸器感作性、発がんのおそれ	眼の痛み、流涙、結膜充血、皮膚炎、皮膚掻痒感（かゆみ）、皮膚発赤、湿疹、じんま疹、頭痛、頭重、めまい、眠気、嘔吐、全身倦怠感、せき、息切れ、鼻水、鼻閉、鼻・喉の痛み、胸痛、呼吸困難、喘息様発作、体重減少

特化則・第2類物質・特別管理物質	マゼンタ	泌尿器系障害、泌尿器系腫瘍	血尿、頻尿、排尿痛、下腹部痛、残尿感、全身倦怠感、体重減少
特化則・第2類物質	マンガン及びその化合物*2	中枢神経障害（言語障害、歩行障害、振せん等）、気道障害、肺障害、生殖毒性のおそれ	頭痛、頭重、めまい、眠気、嘔吐、全身倦怠感、せき、息切れ、鼻水、鼻閉、鼻・喉の痛み、仮面様顔貌、膏顔、流涎、発汗異常、手指のふるえ、書字拙劣、歩行障害、不随意運動、発語異常等のパーキンソン症候群様症状、胸痛、呼吸困難、息切れ
特化則・第2類物質・特別管理物質	メチルイソブチルケトン	前眼部障害、中枢神経障害、気道障害、発がんのおそれ	眼の痛み、流涙、結膜充血、頭痛、頭重、めまい、眠気、嘔吐、全身倦怠感、せき、息切れ、鼻水、鼻閉、鼻・喉の痛み、体重減少
特化則・第2類物質	沃化メチル	前眼部障害、皮膚障害、気道障害、中枢神経障害（視覚障害、言語障害、協調運動障害等）、精神障害（せん妄、躁状態等）、内分泌系障害（甲状腺）	眼の痛み、流涙、結膜充血、皮膚炎、皮膚掻痒感（かゆみ）、皮膚発赤、頭痛、頭重、めまい、眠気、せん妄、躁状態等、嘔吐、全身倦怠感、せき、息切れ、鼻水、鼻閉、鼻・喉の痛み
特化則・第2類物質	溶接ヒューム	中枢神経障害、気道障害、肺障害、発がんのおそれ	仮面様顔貌・膏顔・流涎・発汗異常・手指のふるえ・書字拙劣・歩行障害・不随意性運動障害・発語異常等のパーキンソン症候群様症状、頭痛、頭重、めまい、眠気、嘔吐、全身倦怠感、運動神経障害、せき、息切れ、鼻水、鼻閉、鼻・喉の痛み、胸痛、呼吸困難、体重減少
特化則・第2類物質・特別管理物質	リフラクトリーセラミックファイバー	前眼部障害、皮膚障害、気道障害、肺障害、発がんのおそれ	眼の痛み、流涙、結膜充血、皮膚炎、皮膚掻痒感（かゆみ）、皮膚発赤、せき、息切れ、鼻水、鼻閉、鼻・喉の痛み、胸痛、呼吸困難、全身倦怠感、体重減少
特化則・第2類物質	硫化水素	前眼部障害、皮膚障害、中枢神経障害、気道障害、肺障害、循環器系障害、消化器系障害	眼の痛み、流涙、結膜充血等の結膜及び角膜の異常、皮膚炎、皮膚掻痒感（かゆみ）、皮膚発赤、頭痛、頭重、めまい、眠気、嘔吐、全身倦怠感、不眠、易疲労性、易興奮性、腹痛、下痢、吐き気、食欲不振、歯牙の変化等、せき、息切れ、鼻水、鼻閉、鼻・喉の痛み、胸痛、呼吸困難
特化則・第2類物質	硫酸ジメチル	皮膚障害、前眼部障害、中枢神経障害、気道障害、肺障害、肝障害、腎障害、循環器系障害、発がんのおそれ、生殖毒性のおそれの疑い	眼の痛み、流涙、結膜充血、皮膚炎、皮膚掻痒感（かゆみ）、皮膚発赤、頭痛、頭重、めまい、眠気、嘔吐、全身倦怠感、易疲労感、黄疸、せき、息切れ、鼻水、鼻閉、鼻・喉の痛み、胸痛、呼吸困難、鼻・喉の痛み、血尿、多尿、乏尿、むくみ、体重減少
特化則・第3類物質	アンモニア	皮膚障害、前眼部障害、中枢神経障害、気道障害、肺障害、呼吸器感作性	眼の痛み、流涙、結膜充血、皮膚炎、皮膚掻痒感（かゆみ）、皮膚発赤、頭痛、頭重、めまい、眠気、嘔吐、全身倦怠感、せき、息苦しさ、喘息様発作、鼻水、鼻閉、鼻・喉の痛み、胸痛、呼吸困難
特化則・第3類物質	一酸化炭素	中枢神経障害（運動失調、視覚障害、色視野障害、前庭機能障害等）、精神障害（幻覚、せん妄等）、血液系障害、循環器系障害、生殖毒性のおそれ	頭痛、頭重、めまい、眠気、嘔吐、全身倦怠感、記憶減退、幻覚、せん妄等、顔面蒼白、心悸亢進（動悸）、めまい、ふらつき

2. 健康診断項目の設定に関する資料

特化則・第3類物質	塩化水素	皮膚障害、前眼部障害、気道障害、肺障害、呼吸器感作性、歯牙障害（歯牙酸蝕）	眼の痛み、流涙、結膜充血、皮膚炎、皮膚掻痒感（かゆみ）、皮膚発赤、せき、息切れ、喘息様発作、鼻水、鼻閉、鼻・喉の痛み、胸痛、呼吸困難、口腔内の痛み、歯痛
特化則・第3類物質	硝酸	皮膚障害、前眼部障害、気道障害、肺障害、歯牙障害（歯牙酸蝕）	眼の痛み、流涙、結膜充血、皮膚炎、皮膚掻痒感（かゆみ）、皮膚発赤、せき、息切れ、鼻水、鼻閉、鼻・喉の痛み、胸痛、呼吸困難、口腔内の痛み、歯痛
特化則・第3類物質	二酸化硫黄	前眼部障害、気道障害、肺障害	眼の痛み、流涙、結膜充血、せき、息切れ、鼻水、鼻閉、鼻・喉の痛み、胸痛、呼吸困難
特化則・第3類物質	フェノール	皮膚障害、前眼部障害、中枢神経障害、気道障害、肺障害、肝障害、腎障害、血液系障害、循環器系障害、生殖毒性のおそれ	眼の痛み、流涙、結膜充血、皮膚炎、皮膚掻痒感（かゆみ）、皮膚発赤、頭痛、頭重、めまい、眠気、嘔吐、全身倦怠感、易疲労感、黄疸、せき、息切れ、鼻水、鼻閉、鼻・喉の痛み、胸痛、呼吸困難、血尿、多尿、乏尿、むくみ、顔面蒼白、心悸亢進（動悸）、ふらつき
特化則・第3類物質	ホスゲン	皮膚障害、前眼部障害、中枢神経障害、気道障害、肺障害	眼の痛み、流涙、結膜充血、皮膚炎、皮膚掻痒感（かゆみ）、皮膚発赤、頭痛、頭重、めまい、眠気、嘔吐、全身倦怠感、せき、息切れ、鼻水、鼻閉、鼻・喉の痛み
特化則・第3類物質	硫酸	皮膚障害、前眼部障害、気道障害、肺障害、歯牙障害（歯牙酸蝕）	眼の痛み、流涙、結膜充血、皮膚炎、皮膚掻痒感（かゆみ）、皮膚発赤、せき、息切れ、鼻水、鼻閉、鼻・喉の痛み、胸痛、呼吸困難、口腔内の痛み、歯痛
特化則	1,3-ブタジエン	前眼部障害、中枢神経障害、気道障害、肝障害、循環器系障害、血液系障害、生殖器障害（女性）、発がんのおそれ、生殖毒性のおそれ	眼の痛み、流涙、結膜充血、頭痛、頭重、めまい、眠気、嘔吐、全身倦怠感、せき、息切れ、鼻水、鼻閉、鼻・喉の痛み、易疲労感、黄疸、顔面蒼白、心悸亢進（動悸）、ふらつき、体重減少
特化則	1,4-ジクロロ-2-ブテン	前眼部障害、皮膚障害、中枢神経障害、気道障害、全身毒性（ばく露による影響が複数の臓器にわたる可能性がある等臓器を特定できないもの）、発がんのおそれ	眼の痛み、流涙、結膜充血、皮膚炎、皮膚掻痒感（かゆみ）、皮膚発赤、全身倦怠感、せき、息切れ、鼻水、鼻閉、鼻・喉の痛み、体重減少
特化則	硫酸ジエチル	前眼部障害、皮膚障害、気道障害、肺障害、発がんのおそれ	眼の痛み、流涙、結膜充血、皮膚炎、皮膚掻痒感（かゆみ）、皮膚発赤、せき、息切れ、鼻水、鼻閉、鼻・喉の痛み、全身倦怠感、体重減少
特化則	1,3-プロパンスルトン	前眼部障害、皮膚障害、全身毒性（ばく露による影響が複数の臓器にわたる可能性がある等臓器を特定できないもの）、発がんのおそれ	眼の痛み、流涙、結膜充血、皮膚炎、皮膚掻痒感（かゆみ）、皮膚発赤、全身倦怠感、体重減少
有機則・第1種有機溶剤	1,2-ジクロルエチレン（別名二塩化アセチレン）	前眼部障害、皮膚障害、中枢神経障害	眼の痛み、流涙、結膜充血、皮膚炎、皮膚掻痒感（かゆみ）、皮膚発赤、頭痛、頭重、めまい、眠気、嘔吐、全身倦怠感
有機則・第1種有機溶剤	二硫化炭素	前眼部障害、皮膚障害、気道障害、中枢神経障害、末梢神経障害、精神障害（せん妄、躁鬱等）、腎障害、血管の異常（動脈硬化）、生殖毒性のおそれ	眼の痛み、流涙、結膜充血、皮膚炎、皮膚掻痒感（かゆみ）、皮膚発赤、せん妄、躁うつ等、頭痛、頭重、めまい、眠気、嘔吐、全身倦怠感、四肢の知覚異常、四肢の運動障害、視力低下、せき、息切れ、鼻水、鼻閉、鼻・喉の痛み、血尿、多尿、乏尿、むくみ

161

有機則・第2種有機溶剤	アセトン	前眼部障害、皮膚障害、中枢神経障害、肺障害、気道障害、消化器障害、生殖毒性のおそれの疑い	眼の痛み、流涙、結膜充血、皮膚炎、皮膚掻痒感（かゆみ）、皮膚発赤、頭痛、頭重、めまい、眠気、嘔吐、全身倦怠感、せき、息切れ、鼻水、鼻閉、鼻・喉の痛み、呼吸困難、胸痛
有機則・第2種有機溶剤	イソブチルアルコール	前眼部障害、皮膚障害、中枢神経障害、気道障害	眼の痛み、流涙、結膜充血、皮膚炎、皮膚掻痒感（かゆみ）、皮膚発赤、頭痛、頭重、めまい、眠気、嘔吐、全身倦怠感、せき、息切れ、鼻水、鼻閉、鼻・喉の痛み
有機則・第2種有機溶剤	イソプロピルアルコール	前眼部障害、中枢神経障害、気道障害、肺障害、肝障害、脾臓障害、血液系障害、生殖毒性のおそれの疑い	眼の痛み、流涙、結膜充血、頭痛、頭重、めまい、眠気、嘔吐、全身倦怠感、せき、息切れ、胸痛、呼吸困難、鼻水、鼻閉、鼻・喉の痛み、易疲労感、黄疸、血尿、多尿、乏尿、むくみ、顔面蒼白、心悸亢進（動悸）、ふらつき
有機則・第2種有機溶剤	イソペンチルアルコール（別名イソアミルアルコール）	前眼部障害、中枢神経障害、気道障害	眼の痛み、流涙、結膜充血、頭痛、頭重、めまい、眠気、嘔吐、全身倦怠感、せき、息切れ、鼻水、鼻閉、鼻・喉の痛み
有機則・第2種有機溶剤	エチルエーテル	前眼部障害、中枢神経障害、気道障害、生殖毒性のおそれの疑い	眼の痛み、流涙、結膜充血、頭痛、頭重、めまい、眠気、嘔吐、全身倦怠感、せき、息切れ、鼻水、鼻閉、鼻・喉の痛み、呼吸困難
有機則・第2種有機溶剤	エチレングリコールモノエチルエーテル（別名セロソルブ）	前眼部障害、中枢神経障害、肝障害、腎障害、血液系障害、生殖毒性のおそれ、精巣障害	眼の痛み、流涙、結膜充血、頭痛、頭重、めまい、眠気、嘔吐、全身倦怠感、易疲労感、黄疸、血尿、多尿、乏尿、むくみ、顔面蒼白、心悸亢進（動悸）、ふらつき
有機則・第2種有機溶剤	エチレングリコールモノエチルエーテルアセテート（別名セロソルブアセテート）	前眼部障害、中枢神経障害、肝障害、腎障害、血液系障害、生殖毒性のおそれ、精巣障害	眼の痛み、流涙、結膜充血、頭痛、頭重、めまい、眠気、嘔吐、全身倦怠感、易疲労感、黄疸、血尿、多尿、乏尿、むくみ、顔面蒼白、心悸亢進（動悸）、ふらつき
有機則・第2種有機溶剤	エチレングリコールモノノルマルーブチルエーテル（別名ブチルセロソルブ）	前眼部障害、皮膚障害、中枢神経障害、気道障害、肺障害、肝障害、腎障害、血液系障害、生殖毒性のおそれの疑い	眼の痛み、流涙、結膜充血、皮膚炎、皮膚掻痒感（かゆみ）、皮膚発赤、頭痛、頭重、めまい、眠気、嘔吐、全身倦怠感、せき、息切れ、胸痛、呼吸困難、鼻水、鼻閉、鼻・喉の痛み、易疲労感、黄疸、血尿、多尿、乏尿、むくみ、顔面蒼白、心悸亢進（動悸）、ふらつき
有機則・第2種有機溶剤	エチレングリコールモノメチルエーテル（別名メチルセロソルブ）	中枢神経障害（協調運動障害、振せん等）、気道障害、肝障害、腎障害、血液系障害、生殖毒性のおそれ、精巣障害	眼の痛み、流涙、結膜充血、頭痛、頭重、めまい、手指のふるえ、眠気、嘔吐、全身倦怠感、せき、息切れ、鼻水、鼻閉、鼻・喉の痛み、易疲労感、黄疸、血尿、多尿、乏尿、むくみ、顔面蒼白、心悸亢進（動悸）、ふらつき
有機則・第2種有機溶剤	オルト-ジクロルベンゼン	前眼部障害、皮膚障害、中枢神経障害、末梢神経障害、肝障害、腎障害、気道障害、生殖毒性のおそれ	眼の痛み、流涙、結膜充血、皮膚炎、皮膚掻痒感（かゆみ）、皮膚発赤、頭痛、頭重、めまい、眠気、嘔吐、全身倦怠感、せき、息切れ、鼻水、鼻閉、鼻・喉の痛み、易疲労感、黄疸、血尿、多尿、乏尿、むくみ、顔面蒼白、心悸亢進（動悸）、ふらつき

2. 健康診断項目の設定に関する資料

有機則・第2種有機溶剤	キシレン	前眼部障害、皮膚障害、中枢神経障害、肝障害、腎障害、気道障害、生殖毒性のおそれ	眼の痛み、流涙、結膜充血、皮膚炎、皮膚掻痒感（かゆみ）、皮膚発赤、頭痛、頭重、めまい、眠気、嘔吐、全身倦怠感、易疲労感、黄疸、血尿、多尿、乏尿、むくみ、せき、息切れ、鼻水、鼻閉、鼻・喉の痛み
有機則・第2種有機溶剤	クレゾール	前眼部障害、皮膚障害、中枢神経障害、気道障害、肺障害、肝障害、腎障害、血液系障害、循環器系障害、発がんのおそれの疑い	眼の痛み、流涙、結膜充血、皮膚炎、皮膚掻痒感（かゆみ）、皮膚発赤、頭痛、頭重、めまい、眠気、嘔吐、全身倦怠感、易疲労感、黄疸、血尿、多尿、乏尿、むくみ、顔面蒼白、心悸亢進（動悸）、せき、息切れ、鼻水、鼻閉、鼻・喉の痛み、呼吸困難、胸痛、息切れ、体重減少
有機則・第2種有機溶剤	クロルベンゼン	前眼部障害、皮膚障害、中枢神経障害、末梢神経障害、肝障害、腎障害、血液系障害、内分泌系障害（副腎）、発がんのおそれの疑い、全身毒性（ばく露による影響が複数の臓器にわたる可能性がある等臓器を特定できないもの）	眼の痛み、流涙、結膜充血、皮膚炎、皮膚掻痒感（かゆみ）、皮膚発赤、頭痛、頭重、めまい、眠気、嘔吐、全身倦怠感、四肢の知覚異常、四肢の運動障害、せき、息切れ、鼻水、鼻閉、鼻・喉の痛み、胸痛、呼吸困難、易疲労感、黄疸、血尿、多尿、乏尿、むくみ、顔面蒼白、心悸亢進（動悸）、ふらつき、体重減少
有機則・第2種有機溶剤	酢酸イソブチル	前眼部障害、中枢神経障害、気道障害	眼の痛み、流涙、結膜充血、皮膚炎、皮膚掻痒感（かゆみ）、皮膚発赤、頭痛、頭重、めまい、眠気、嘔吐、全身倦怠感
有機則・第2種有機溶剤	酢酸イソプロピル	前眼部障害、中枢神経障害、気道障害	眼の痛み、流涙、結膜充血、頭痛、頭重、めまい、眠気、嘔吐、全身倦怠感、せき、息切れ、鼻水、鼻閉、鼻・喉の痛み
有機則・第2種有機溶剤	酢酸イソペンチル（別名酢酸イソアミル）	前眼部障害、皮膚障害、中枢神経障害、末梢神経障害（視神経）、気道障害	眼の痛み、流涙、結膜充血、皮膚炎、皮膚掻痒感（かゆみ）、皮膚発赤、頭痛、頭重、めまい、眠気、嘔吐、全身倦怠感、せき、息切れ、鼻水、鼻閉、鼻・喉の痛み
有機則・第2種有機溶剤	酢酸エチル	前眼部障害、中枢神経障害、気道障害	眼の痛み、流涙、結膜充血、頭痛、頭重、めまい、眠気、嘔吐、全身倦怠感、せき、息切れ、鼻水、鼻閉、鼻・喉の痛み
有機則・第2種有機溶剤	酢酸ノルマル-ブチル	前眼部障害、中枢神経障害、気道障害	眼の痛み、流涙、結膜充血、頭痛、頭重、めまい、眠気、嘔吐、全身倦怠感、せき、息切れ、鼻水、鼻閉、鼻・喉の痛み
有機則・第2種有機溶剤	酢酸ノルマル-プロピル	前眼部障害、中枢神経障害、気道障害	眼の痛み、流涙、結膜充血、頭痛、頭重、めまい、眠気、嘔吐、全身倦怠感、せき、息切れ、鼻水、鼻閉、鼻・喉の痛み
有機則・第2種有機溶剤	酢酸ノルマル-ペンチル（別名酢酸ノルマル-アミル）	前眼部障害、皮膚障害、中枢神経障害、末梢神経障害（視神経）、気道障害	眼の痛み、流涙、結膜充血、皮膚炎、皮膚掻痒感（かゆみ）、皮膚発赤、頭痛、頭重、めまい、眠気、嘔吐、全身倦怠感、せき、息切れ、鼻水、鼻閉、鼻・喉の痛み
有機則・第2種有機溶剤	酢酸メチル	前眼部障害、中枢神経障害、末梢神経障害（視神経）、気道障害	眼の痛み、流涙、結膜充血、頭痛、頭重、めまい、眠気、嘔吐、全身倦怠感、四肢の知覚異常、四肢の運動障害、視覚異常、せき、息切れ、鼻水、鼻閉、鼻・喉の痛み
有機則・第2種有機溶剤	シクロヘキサノール	前眼部障害、中枢神経障害、末梢神経障害、循環器系障害、気道障害、肝障害、腎障害、生殖器障害（男性）、生殖毒性のおそれの疑い	眼の痛み、流涙、結膜充血、頭痛、頭重、めまい、眠気、嘔吐、全身倦怠感、せき、息切れ、鼻水、鼻閉、鼻・喉の痛み、易疲労感、黄疸、血尿、多尿、乏尿、むくみ

区分	物質名	健康障害	主な症状
有機則・第2種有機溶剤	シクロヘキサノン	前眼部障害、皮膚障害、皮膚感作性、中枢神経障害、気道障害、骨の異常、生殖毒性のおそれの疑い	眼の痛み、流涙、結膜充血、皮膚炎、皮膚掻痒感（かゆみ）、皮膚発赤、湿疹、膨疹、頭痛、頭重、めまい、眠気、嘔吐、全身倦怠感、せき、息切れ、鼻水、鼻閉、鼻・喉の痛み、骨の痛み
有機則・第2種有機溶剤	N,N-ジメチルホルムアミド	前眼部障害、皮膚障害、中枢神経障害、気道障害、肝障害、消化器系障害、発がんのおそれ、生殖毒性のおそれ	眼の痛み、流涙、結膜充血、皮膚炎、皮膚掻痒感（かゆみ）、皮膚発赤、頭痛、頭重、めまい、眠気、嘔吐、全身倦怠感、せき、息切れ、鼻水、鼻閉、鼻・喉の痛み、易疲労感、黄疸、腹痛、下痢、食欲不振、体重減少
有機則・第2種有機溶剤	テトラヒドロフラン	前眼部障害、皮膚障害、中枢神経障害、気道障害、肝障害、発がんのおそれの疑い、生殖毒性のおそれの疑い	眼の痛み、流涙、結膜充血、皮膚炎、皮膚掻痒感（かゆみ）、皮膚発赤、頭痛、頭重、めまい、眠気、嘔吐、全身倦怠感、せき、息切れ、鼻水、鼻閉、鼻・喉の痛み、易疲労感、黄疸、体重減少
有機則・第2種有機溶剤	1,1,1-トリクロロエタン	前眼部障害、皮膚障害、協調運動障害等の中枢神経障害、循環器系障害（不整脈）、発がんのおそれ、生殖毒性のおそれ	眼の痛み、流涙、結膜充血、皮膚炎、皮膚掻痒感（かゆみ）、皮膚発赤、頭痛、頭重、めまい、眠気、嘔吐、全身倦怠感、体重減少、不整脈
有機則・第2種有機溶剤	トルエン	前眼部障害、皮膚障害、中枢神経障害、気道障害、腎障害、生殖毒性のおそれ	眼の痛み、流涙、結膜充血、皮膚炎、皮膚掻痒感（かゆみ）、皮膚発赤、頭痛、頭重、めまい、眠気、嘔吐、全身倦怠感、酩酊、ふるえ、運動失調、意識障害、記憶障害、せき、息切れ、鼻水、鼻閉、鼻・喉の痛み、血尿、多尿、乏尿、むくみ
有機則・第2種有機溶剤	ノルマルヘキサン	前眼部障害、皮膚障害、中枢神経障害、末梢神経障害、気道障害、生殖毒性のおそれの疑い	眼の痛み、流涙、結膜充血、皮膚炎、皮膚掻痒感（かゆみ）、皮膚発赤、頭痛、頭重、めまい、眠気、嘔吐、全身倦怠感、四肢の知覚異常、四肢の運動障害、せき、息切れ、鼻水、鼻閉、鼻・喉の痛み
有機則・第2種有機溶剤	1-ブタノール	前眼部障害、皮膚障害、中枢神経障害、聴覚障害、気道障害	眼の痛み、流涙、結膜充血、皮膚炎、皮膚掻痒感（かゆみ）、皮膚発赤、頭痛、頭重、めまい、眠気、嘔吐、全身倦怠感、聴力低下、せき、息切れ、鼻水、鼻閉、鼻・喉の痛み
有機則・第2種有機溶剤	2-ブタノール	前眼部障害、中枢神経障害、気道障害、生殖毒性のおそれの疑い	眼の痛み、流涙、結膜充血、頭痛、頭重、めまい、眠気、嘔吐、全身倦怠感、せき、息切れ、鼻水、鼻閉、鼻・喉の痛み
有機則・第2種有機溶剤	メタノール	前眼部障害、中枢神経障害、視神経障害、気道障害、肺障害、生殖毒性のおそれ、全身毒性（ばく露による影響が複数の臓器にわたる可能性がある等臓器を特定できないもの）	眼の痛み、流涙、結膜充血、頭痛、頭重、めまい、眠気、嘔吐、全身倦怠感、四肢の知覚異常、四肢の運動障害、視覚異常、せき、息切れ、鼻閉、鼻・喉の痛み、胸痛、呼吸困難
有機則・第2種有機溶剤	メチルエチルケトン	前眼部障害、皮膚障害、中枢神経障害、気道障害、腎障害	眼の痛み、流涙、結膜充血、皮膚炎、皮膚掻痒感（かゆみ）、皮膚発赤、頭痛、頭重、めまい、眠気、嘔吐、全身倦怠感、血尿、多尿、乏尿、むくみ、せき、息切れ、鼻水、鼻閉、鼻・喉の痛み
有機則・第2種有機溶剤	メチルシクロヘキサノール	前眼部障害、皮膚障害、中枢神経障害、気道障害	眼の痛み、流涙、結膜充血、皮膚炎、皮膚掻痒感（かゆみ）、皮膚発赤、頭痛、頭重、めまい、眠気、嘔吐、全身倦怠感
有機則・第2種有機溶剤	メチルシクロヘキサノン	前眼部障害、皮膚障害、中枢神経障害、気道障害	眼の痛み、流涙、結膜充血、皮膚炎、皮膚掻痒感（かゆみ）、皮膚発赤、頭痛、頭重、めまい、眠気、嘔吐、全身倦怠感、せき、息切れ、鼻水、鼻閉、鼻・喉の痛み

2. 健康診断項目の設定に関する資料

有機則・第2種有機溶剤	メチル-ノルマル-ブチルケトン	前眼部障害、中枢神経障害、気道障害、末梢神経障害、生殖毒性のおそれの疑い	眼の痛み、流涙、結膜充血、頭痛、頭重、めまい、眠気、嘔吐、全身倦怠感、四肢の知覚異常、四肢の運動障害、脱力感、せき、息切れ、鼻水、鼻閉、鼻・喉の痛み
有機則・第3種有機溶剤	ガソリン	前眼部障害、皮膚障害、中枢神経障害、肺障害、腎障害、循環器系障害、発がんのおそれの疑い	眼の痛み、流涙、結膜充血、皮膚炎、皮膚掻痒感（かゆみ）、皮膚発赤、頭痛、頭重、めまい、眠気、嘔吐、全身倦怠感、血尿、多尿、乏尿、むくみ、胸痛、呼吸困難、息切れ、体重減少
有機則・第3種有機溶剤	コールタールナフサ	前眼部障害、皮膚障害、中枢神経障害	眼の痛み、流涙、結膜充血、皮膚炎、皮膚掻痒感（かゆみ）、皮膚発赤、頭痛、頭重、めまい、眠気、嘔吐、全身倦怠感
有機則・第3種有機溶剤	石油エーテル	前眼部障害、皮膚障害、中枢神経障害、末梢神経障害、気道障害	眼の痛み、流涙、結膜充血、皮膚炎、皮膚掻痒感（かゆみ）、皮膚発赤、頭痛、頭重、めまい、眠気、嘔吐、全身倦怠感、せき、息切れ、鼻水、鼻閉、鼻・喉の痛み
有機則・第3種有機溶剤	石油ナフサ	皮膚障害、気道障害	皮膚炎、皮膚掻痒感（かゆみ）、皮膚発赤、頭痛、せき、息切れ、鼻水、鼻閉、鼻・喉の痛み
有機則・第3種有機溶剤	石油ベンジン	前眼部障害、皮膚障害、中枢神経障害、末梢神経障害	四肢の知覚異常、四肢の運動障害、眼の痛み、流涙、結膜充血、皮膚炎、皮膚掻痒感（かゆみ）、皮膚発赤、頭痛、頭重、めまい、眠気、嘔吐、全身倦怠感
有機則・第3種有機溶剤	テレピン油	前眼部障害、皮膚障害、皮膚感作性、中枢神経障害、気道障害、腎障害、血液系障害、泌尿器系障害	眼の痛み、流涙、結膜充血、皮膚炎、皮膚掻痒感（かゆみ）、皮膚発赤、湿疹、じんま疹、頭痛、頭重、めまい、眠気、嘔吐、全身倦怠感、せき、息切れ、鼻水、鼻閉、鼻・喉の痛み、血尿、多尿、乏尿、むくみ、頻尿、排尿痛、下腹部痛、残尿感、顔面蒼白、心悸亢進（動悸）、ふらつき
有機則・第3種有機溶剤	ミネラルスピリット	皮膚障害、中枢神経障害、気道障害、肝障害、精巣障害	皮膚炎、皮膚掻痒感（かゆみ）、皮膚発赤、頭痛、頭重、めまい、眠気、嘔吐、全身倦怠感、せき、息切れ、鼻水、鼻閉、鼻・喉の痛み、易疲労感、黄疸
鉛則	鉛	中枢神経障害、末梢神経障害、腎障害、血液系障害（造血器障害）、循環器系障害、免疫系障害、消化器系障害（疝痛・便秘等）、発がんのおそれの疑い、生殖毒性のおそれ	頭痛、頭重、めまい、眠気、嘔吐、全身倦怠感、四肢の知覚異常、四肢の運動障害、血尿、多尿、乏尿、むくみ、顔面蒼白、心悸亢進（動悸）、ふらつき、腹痛、下痢、食欲不振、体重減少
鉛則	鉛合金	中枢神経障害、末梢神経障害、腎障害、血液系障害（造血器障害）、循環器系障害、免疫系障害、消化器系障害（疝痛・便秘等）、発がんのおそれの疑い、生殖毒性のおそれ	頭痛、頭重、めまい、眠気、嘔吐、全身倦怠感、四肢の知覚異常、四肢の運動障害、腹痛、下痢、食欲不振、顔面蒼白、心悸亢進（動悸）、ふらつき、体重減少
鉛則	鉛化合物	中枢神経障害、末梢神経障害、腎障害、血液系障害（造血器障害）、循環器系障害、免疫系障害、消化器系障害（疝痛・便秘等）、発がんのおそれの疑い、生殖毒性のおそれ	頭痛、頭重、めまい、眠気、嘔吐、全身倦怠感、四肢の知覚異常、四肢の運動障害、腹痛、下痢、食欲不振、顔面蒼白、心悸亢進（動悸）、ふらつき、体重減少

四アルキル鉛則	四アルキル鉛	中枢神経障害、末梢神経障害、精神障害（せん妄、幻覚等）、消化器系障害、血液系障害	頭痛、頭重、めまい、眠気、嘔吐、全身倦怠感、四肢の知覚異常、四肢の運動障害、腹痛、下痢、食欲不振、顔面蒼白、心悸亢進（動悸）、ふらつき、せん妄、幻覚
石綿則	石綿 *4	気道障害、肺障害、じん肺（石綿肺）、肺がんまたは中皮腫、著しい呼吸機能障害を伴うびまん性胸膜肥厚、良性石綿胸水	せき、息切れ、胸痛、呼吸困難、全身倦怠感、体重減少
じん肺法じん肺法施行規則	粉じん	気道障害、肺障害、じん肺、肺結核、結核性胸膜炎、続発性気管支炎、続発性気管支拡張症、続発性気胸、原発性肺がん	せき、息切れ、胸痛、呼吸困難、全身倦怠感、体重減少

*1：2,3,7,8-テトラクロロジベンゾ-1,4-ジオキシン
*2：化合物名称にある単体の化学物質に関する有害性情報等から作成
*3：GHS政府分類の「インジウムすず酸化物」の有害性情報等を基に作成
*4：GHS政府分類の「アスベスト（アモサイト及びクロシドライトを除く）」の有害性情報等を基に作成

資料 2-3
標的健康影響に対する健康診断項目の例（リスクアセスメント対象物健康診断に係るガイダンス（暫定版）別紙２）

特別規則物質の標的影響と健康診断項目の例（自覚症状・他覚所見の検査を除く）

標的臓器	標的健康影響	検査項目 基本項目	検査項目 推奨項目	特別規則該当物質の例
肝障害	急性肝炎、肝細胞障害	AST/ALT/γ-GT	その他の肝機能検査	
	胆管系障害	AST/ALT/γ-GT/ALP/血清総ビリルビン		1,2-ジクロロプロパン
	肝脾腫		γ-GT、ZTT、ICG、LDH、シンチグラム	PCB
腎障害	尿細管障害	尿中β2-マイクログロブリン	尿中α1-マイクログロブリン、尿中NAG	カドミウム
血液系障害	赤血球産生障害	赤血球系の検査（赤血球数/血色素量）	網状赤血球、ヘマトクリット、血清間接ビリルビン	o-トルイジン、o-フタロジニトリル
	溶血性貧血			ナフタレン
	メトヘモグロビン血症		血中メトヘモグロビン	o-トルイジン
	出血傾向		出血時間	弗化水素
呼吸器系障害	間質性・気腫性変化	血清 KL-6	血清 SP-D、胸部エックス線、特殊なエックス線撮影の検査（CT等）、呼吸機能検査	インジウムすず化合物、リフラクトリーセラミックファイバー、コバルト
		呼吸機能検査		五酸化バナジウム等
循環器障害	血圧低下、心臓への影響	血圧値	心電図検査	三酸化二アンチモン、コバルト、ニトログリコール
中枢・末梢神経障害	中枢神経障害		知覚異常、ロンベルグ兆候、拮抗運動反復不能症等の神経学的検査	アルキル水銀、水銀
	末梢神経障害	運動障害、不随意運動、握力	神経学的検査（視野、聴力、色覚、脳波）、筋電図検査	スチレン
	コリンエステラーゼ阻害	縮瞳、線維束攣縮、血清コリンエステラーゼ活性	赤血球コリンエステラーゼ活性、血漿コリンエステラーゼ活性	DDVP アクリロニトリル
内分泌系異常	糖質代謝異常、脂質代謝異常等	尿糖	脂質検査、血中酸性フォスファターゼ	弗化水素

標的臓器	標的健康影響	検査項目 基本項目	検査項目 推奨項目	特別規則該当物質の例
発がん	腎臓がん	尿潜血検査・沈査、尿路造影検査、腹部超音波検査		トリクロロエチレン
	膀胱がん・泌尿器系がん	尿潜血検査・沈査、尿細胞診	膀胱鏡検査 尿路造影検査 腹部超音波検査	o-トルイジン、MOCA
	呼吸器系がん	胸部エックス線撮影検査	特殊なエックス線撮影の検査（CT）、喀痰細胞診、気管支鏡検査	ニッケル、エチレンイミン
	鼻腔がん		上気道の病理学的検査 耳鼻科学的検査（視診）	酸化プロピレン
	悪性リンパ腫	白血球数および分画	リンパ節の病理学的検査、MRI	ベンゾトリクロリド
	白血病・再生不良性貧血	赤血球系・白血球系の検査	骨髄性細胞の算定	エチレンイミン
	皮膚がん		皮膚の病理学的検査	ベンゾトリクロリド、砒素、ニッケル、βプロピオラクトン
	肝血管肉腫	AST/ALT/γ-GT	シンチグラム	PCB
	肝胆管系がん	AST/ALT/γ-GT	腹部の画像検査 CA19-9等の腫瘍マーカー	四塩化炭素、1,2-ジクロロエチレン、1,2-ジクロロプロパン、ジクロロメタン、トリクロロエチレン
皮膚感作性	皮膚炎（感作性）		皮膚貼付試験（パッチテスト）、血液免疫学的検査、アレルギー反応の検査	ベリリウム、コバルト、ニッケル、トリレンジイソシアネート
呼吸器感作性	アレルギー性喘息		呼吸機能検査	トリレンジイソシアネート

資料 2-4
リスクアセスメント対象物健康診断個人票（安衛則　様式第24号の2（第577条の2関係））

様式第24号の2（第577条の2関係）（表面）

リスクアセスメント対象物健康診断個人票

氏　名			生年月日	年　月　日	雇入年月日	年　月　日
			性　別	男・女		
製造し、又は取り扱うリスクアセスメント対象物の名称						
医師又は歯科医師による健康診断	健康診断実施者		医師・歯科医師			
	健診年月日		年月日	年月日	年月日	年月日
	健診の種別		（第　項）	（第　項）	（第　項）	（第　項）
	医師又は歯科医師が必要と認める項目					
	医師又は歯科医師の診断					
	健康診断を実施した医師又は歯科医師の氏名					
	医師又は歯科医師の意見					
	意見を述べた医師又は歯科医師の氏名					
備　考						

169

様式第24号の２（第577条の２関係）（裏面）

［備考］
1. 記載すべき事項のない欄又は記入枠は、空欄のままとすること。
2. 「健康診断実施者」の欄中、「医師」又は「歯科医師」のうち、該当しない文字を抹消すること。
3. 「健診の種別」の欄の「（第　項）」内には、労働安全衛生規則第577条の２第３項の健康診断（リスクアセスメントの結果に基づき、関係労働者の意見を聴き、必要があると認めるときに行う健康診断）を実施した場合は「３」を、同条第４項の健康診断（厚生労働大臣が定める濃度の基準を超えてリスクアセスメント対象物にばく露したおそれがあるときに行う健康診断）を実施した場合は「４」を記入すること。
4. 「医師又は歯科医師が必要と認める項目」の欄は、リスクアセスメント対象物ごとに医師又は歯科医師が必要と判断した検診又は検査等の名称及び結果を記入すること。
5. 「医師又は歯科医師の診断」の欄は、異常なし、要精密検査、要治療等の医師又は歯科医師の診断を記入すること。
6. 「医師又は歯科医師の意見」の欄は、健康診断の結果、異常の所見があると診断された場合に、就業上の措置について医師又は歯科医師の意見を記入すること。

3. 職場等啓発資料

資料 3-1
厚生労働省リーフレット「リスクアセスメント対象物健康診断のしくみが始まります」

リスクアセスメント対象物健康診断のしくみが始まります

労働安全衛生規則の改正により、令和6年4月1日から次のことが事業者に義務づけられます。

- リスクアセスメント対象物[※1]を製造し、又は取り扱う業務に常時従事する労働者に対し、リスクアセスメントの結果に基づき、関係労働者の意見を聴き、必要があると認めるときは、医師又は歯科医師(以下「医師等」)が必要と認める項目について、医師等による健康診断を行い、その結果に基づき必要な措置を講じること
 (労働安全衛生規則第577条の2第3項。以下この健診のことを「第3項健診」)
 ※1 労働安全衛生法に基づくラベル表示、安全データシート(SDS)等による通知とリスクアセスメント実施の義務対象物質

- 国の濃度基準値[※2]が設定されているリスクアセスメント対象物を製造し、又は取り扱う業務に従事する労働者が、濃度基準値を超えてばく露したおそれがあるときは、速やかに、医師等が必要と認める項目について、医師等による健康診断を行い、その結果に基づき必要な措置を講じること
 (労働安全衛生規則第577条の2第4項。以下この健診のことを「第4項健診」)
 ※2 労働安全衛生規則第577条の2第2項に規定する厚生労働大臣が定める濃度の基準

◆ 令和6年4月からの化学物質に関する健康診断 ◆

(R6年3月まで)

① 特別規則等の対象物質(有機溶剤、特化物、鉛、四アルキル鉛、石綿等)
- 常時作業に従事する**労働者に一律に**健康診断(特殊健康診断等)
- 【頻度】(原則)6月以内に1回
- 【検査項目】各規則で定められた項目

②リスクアセスメント対象物(①以外)
- 化学物質を製造し、又は取り扱うことによって特別に事業者に実施が義務づけられる健康診断はなし。

(R6年4月から)

① 特別規則等の対象物質(有機溶剤、特化物、鉛、四アルキル鉛、石綿等)【変更なし】
- 常時作業に従事する**労働者に一律に**健康診断(特殊健康診断等)
- 【頻度】(原則)6月以内に1回
- 【検査項目】各規則で定められた項目

②リスクアセスメント対象物(①以外)【新たな制度】
- ばく露による健康障害リスクが許容される範囲を超えると判断される労働者を対象
- 【頻度】医師等の意見もふまえ事業者が判断
- 【検査項目】医師等が判断

<濃度基準値が設定されている物質>
- 濃度基準値を超えてばく露したおそれがある労働者を対象
- 【頻度】速やかに1度
- 【検査項目】医師等が判断

※ リスクアセスメント対象物のうち、特別規則に基づく特殊健康診断及び安衛則第48条に基づく歯科健康診断の実施が義務づけられている物質については、リスクアセスメント対象物健康診断を重複して実施する必要はありません。
※ 令和6年4月現在、歯科領域のリスクアセスメント対象物健康診断は、クロルスルホン酸、三臭化ほう素、5,5-ジフェニル-2,4-イミダゾリジンジオン、臭化水素及び発煙硫酸の5物質が対象です。

171

1 リスクアセスメント対象物にばく露される程度を最低限にしましょう

- 化学物質による健康障害を防止するためには、工学的対策、管理的対策、保護具の使用等により、ばく露そのものをなくす又は低減する措置を講じなければなりません。
- これらのばく露防止対策が適切に実施され、労働者の健康障害発生リスクが許容される範囲を超えないと事業者が判断すれば、基本的にはリスクアセスメント対象物健康診断を実施する必要はありません。
- これらのばく露防止対策を十分に行わず、リスクアセスメント対象物健康診断で労働者のばく露防止対策を補うという考え方は適切とは言えません。

2 リスクアセスメント対象物健康診断の実施の要否を判断しましょう

- 事業者は、リスクアセスメントを実施したら、ばく露による健康障害発生リスクを評価し、リスクアセスメント対象物健康診断の実施の要否を判断しましょう。
- 過去にリスクアセスメントを実施して以降、リスクアセスメントを実施していない場合は、過去に実施したリスクアセスメントの結果に基づき、実施の要否を判断する必要があるので、労働安全衛生規則第 577条の２第 11 項に基づく記録の作成（リスクアセスメントの結果に基づき講じたリスク低減措置や労働者のリスクアセスメント対象物へのばく露の状況等について、１年を超えない期間ごとに１回、定期に記録を作成することが事業者に義務づけられています。）の時期に、労働者のリスクアセスメント対象物へのばく露の状況、工学的措置や保護具使用が適正になされているかを確認し、第３項健診の実施の要否を判断することが望ましいです。
- 過去に一度もリスクアセスメントを実施したことがない場合は、令和６年度内にリスクアセスメントを実施し、健診の実施の要否を判断することが望ましいです。
- 健診の実施の要否を判断したときは、その判断根拠について記録を作成し、保存しておくことが望ましいです。

3 検査項目については医師等に設定を依頼してください

- 事業者は、リスクアセスメント健康診断を実施する必要があると判断された場合は、検査項目の設定を産業医や健診機関の医師等に依頼してください。
- 健康診断を継続するか否か（継続する場合はその頻度・期間）については、事業者が産業医、健診機関の医師等の意見も踏まえ、検討することが望ましいです。

厚生労働省では、事業者、労働者、産業医、健康診断実施機関及び健康診断の実施に関わる医師等の方々に向けて、「リスクアセスメント対象物健康診断に関するガイドライン」を策定・公表していますので、ご参照ください。

また、よくあるご質問を「リスクアセスメント対象物健康診断に関するQ&A」にまとめて厚生労働省HPに掲載していますので、併せてご参照ください。

<ガイドライン> <Q&A>

厚生労働省・都道府県労働局・労働基準監督署　　　　（R6.3）

資料 3-2
新たな化学物質規制に関するチェックリスト（厚生労働省パンフレット「新たな化学物質規制が導入されます」より）

分野	関係条項	項目	質問	チェック	施行期日
化学物質管理体系の見直し	安衛令別表第9	ラベル表示・SDS等による通知の義務対象物質	ラベル表示や安全データシート（SDS）等による通知、リスクアセスメントの実施をしなければならない化学物質（リスクアセスメント対象物）が、「国によるGHS分類で危険性・有害性が確認された全ての物質」へと拡大することを知っていますか？		③ ※令和7年以降も順次追加
	安衛則第577条の2第577条の3	リスクアセスメント対象物に関する事業者の責務	リスクアセスメント対象物について、労働者のばく露が最低限となるように措置を講じていますか？		②
			濃度基準値設定物質について、労働者がばく露される程度を基準値以下としていますか？		③
			措置内容やばく露について、労働者の意見を聞いて記録を作成し、保存していますか？（保存期間はがん原性物質が30年、その他は3年）		②、③
			リスクアセスメント対象物以外の物質もばく露を最小限に抑える努力をしていますか？		②
	安衛則第594条の2第594条の3	皮膚等障害化学物質等への直接接触の防止	皮膚への刺激性・腐食性・皮膚吸収による健康影響のおそれのあることが明らかな物質の製造・取り扱いに際して、労働者に保護具を着用させていますか？		③
			上記以外の物質の製造・取り扱いに際しても、労働者に保護具を着用させるよう努力していますか？（明らかに健康障害を起こすおそれがない物質は除く）		③
	安衛則第22条	衛生委員会の付議事項	衛生委員会で、自律的な管理の実施状況の調査審議を行っていますか？		②、③
	安衛則第97条の2	がん等の把握強化	化学物質を扱う事業場で、1年以内に2人以上の労働者が同種のがんに罹患したことを把握したときは、業務起因性について、医師の意見を聞いていますか？		②
			医師に意見を聞いて業務起因性が疑われる場合は、労働局長に報告していますか？		②
	安衛則第34条の2の8	リスクアセスメント結果等の記録	リスクアセスメントの結果及びリスク低減措置の内容等について記録を作成し、保存していますか？（最低3年、もしくは次のリスクアセスメントが3年以降であれば次のリスクアセスメント実施まで）		②
	安衛則第34条の2の10	労働災害発生事業場等への指示	労災を発生させた事業場等で労働基準監督署長が必要と認めた場合に、改善措置計画を労基署長に提出、実施する必要があることを知っていますか？		③
	安衛則第577条の2第3項から第5項、第8項、第9項	健康診断等	リスクアセスメントの結果に基づき、必要があると認める場合は、リスクアセスメント対象物に係る医師又は歯科医師による健康診断を実施し、その記録を保存していますか？（保存期間はがん原性物質が30年、その他は5年）		③
			濃度基準値を超えてばく露したおそれがある場合は、速やかに医師又は歯科医師による健康診断を実施し、その記録を保存していますか？（保存期間はがん原性物質が30年、その他は5年）		③
実施体制の確立	安衛則第12条の5	化学物質管理者	化学物質管理者を選任していますか？		③
	安衛則第12条の6	保護具着用管理責任者	（労働者に保護具を使用させる場合）保護具着用管理責任者を選任していますか？		③
	安衛則第35条	雇い入れ時教育	雇入れ時等の教育で、取り扱う化学物質に関する危険有害性の教育を実施していますか？		③
情報伝達の強化	安衛則第24条の15第1項・第3項、第34条の2の3	SDS通知方法の柔軟化	SDS情報の通知手段として、ホームページのアドレスや二次元コード等が認められるようになったことを知っていますか？		①
	安衛則第24条の15第2項・第3項、第34条の2の5第2項・第3項	「人体に及ぼす作用」の確認・更新	5年以内ごとに1回、SDSの変更が必要かを確認し、変更が必要な場合には、1年以内に更新して顧客などに通知していますか？		②
	安衛則第24条の15第1項、第34条の2の4、第34条の2の6	SDS通知事項の追加等	SDS記載事項に、「想定される用途及び当該用途における使用上の注意」を記載していますか？		③
			SDS記載の成分の含有量を10%刻みではなく、重量%で記載していますか？※含有量に幅があるものは、濃度範囲による表記も可。		③
	安衛則第33条の2	別容器等での保管	リスクアセスメント対象物を他の容器に移し替えて保管する際に、ラベル表示や文書の交付等により、内容物の名称や危険性・有害性情報を伝達していますか？		②
その他	特化則、有機則、鉛則、粉じん則	個別規則の適用除外	労働局長から管理が良好と認められた事業場は、特別規則の適用物質の管理を自律的な管理とすることができることを知っていますか？		②
	特化則、有機則、鉛則、粉じん則	作業環境測定結果が第3管理区分の事業場	左記の区分に該当した場合に、外部の専門家に改善方策の意見を聞き、必要な改善措置を講じていますか？		③
			措置を実施しても区分が変わらない場合や、個人サンプリング測定やその結果に応じた保護具の使用等を行ったうえで、労働基準監督署に届け出ていますか？		③
	特化則、有機則、鉛則、四アルキル則	特殊健康診断	作業環境測定等の結果に基づいて、特殊健康診断の頻度が緩和されることを知っていますか？		②

（注）施行期日の①～③は以下に対応。
　　　規制の変更が2段階に分けて実施される項目もある。
　　　①2022年（令和4年）5月31日（施行済）
　　　②2023年（令和5年）4月1日
　　　③2024年（令和6年）4月1日

詳細はこちら

4. その他の参考資料

・「化学物質リスクアセスメントに基づく健康診断の考え方に関する手引き」
　（日本産業衛生学会 産業医部会　2024 年 5 月）
　https://sangyo-ibukai.org/archives/tebiki_ra-kenshin-chemicals_202405.pdf

・「化学物質の個人ばく露測定のガイドライン」
　（日本産業衛生学会 産業衛生技術部会　2015 年 1 月）
　https://www.sanei.or.jp/files/topics/recommendation/J57_2_09_guideline.pdf

・「化学物質等による危険性又は有害性等の調査等に関する指針」
　（改正 令和 5 年 4 月 27 日　危険性又は有害性等の調査等に関する指針公示第 4 号）
　https://www.mhlw.go.jp/content/11300000/001091557.pdf

・「化学物質による健康障害防止のための濃度の基準の適用等に関する技術上の指針」
　（令和 5 年 4 月 27 日　技術上の指針公示第 24 号、令和 6 年 5 月 8 日技術上の指針公示第 26 号による改正後）
　https://www.mhlw.go.jp/content/11300000/001252600.pdf

5. 情報源

(1) 職場の化学物質管理を支援するポータルサイト
- ケミガイド　職場の化学物質管理の道しるべ（厚生労働省）
  https://chemiguide.mhlw.go.jp/
- 職場の化学物質管理総合サイト　ケミサポ（(独)労働者健康安全機構 労働安全衛生総合研究所）
  https://cheminfo.johas.go.jp/

(2) SDS以外の有害性情報の情報源
① モデルラベル／モデルSDS
- 職場のあんぜんサイト［化学物質］（(独)労働者健康安全機構 労働安全衛生総合研究所）
  https://anzeninfo.mhlw.go.jp/user/anzen/kag/kagaku_index.html
- 職場のあんぜんサイト［GHS対応モデルラベル・モデルSDS情報］
  https://anzeninfo.mhlw.go.jp/anzen_pg/GHS_MSD_FND.aspx

② GHS政府分類
- 製品評価技術基盤機構［化学物質管理］（(独)製品評価技術基盤機構）
  https://www.nite.go.jp/chem/index.html
- GHS総合情報提供サイト（(独)製品評価技術基盤機構）
  https://www.chem-info.nite.go.jp/chem/ghs/ghs_index.html
- GHS分類ガイダンス（経済産業省）
  https://www.meti.go.jp/policy/chemical_management/int/ghs_tool_01GHSmanual.html

(3) リスクアセスメント関連
① 化学物質のリスクアセスメント実施支援
- 職場のあんぜんサイト［リスクアセスメント支援ツール］
  https://anzeninfo.mhlw.go.jp/user/anzen/kag/ankgc07.htm#h2_2
- 職場のあんぜんサイト［CREATE-SIMPLE］
  https://anzeninfo.mhlw.go.jp/user/anzen/kag/ankgc07_3.htm
- 職場のあんぜんサイト［CREATE-SIMPLEの設計基準］
  https://anzeninfo.mhlw.go.jp/user/anzen/kag/pdf/CREATE-SIMPLE_design_v3.0.4.pdf

② マトリクス法
- 「労働災害を防止するため リスクアセスメントを実施しましょう」（厚生労働省）
  https://www.mhlw.go.jp/file/06-Seisakujouhou-11300000-Roudoukijunkyokuanzeneiseibu/0000099625.pdf

6. 用語集

―あ―

安全データシート

　化学物質および化学物質を含む混合物を譲渡または提供する際に、その化学物質の物理化学的性質や危険性・有害性及び取扱いに関する情報を化学物質等を譲渡または提供する相手方に提供するための文書。SDS（Safety Data Sheet）とも呼ばれる。

（出典：職場のあんぜんサイト）

―え―

絵表示

　特定の情報を伝達することを意図したシンボルと境界線、背景のパターンまたは色のような図的要素から構成されるものをいう。

（出典：職場のあんぜんサイト）

―か―

化学品

　化学物質またはその混合物。

確認測定

　濃度基準値が設定されている物質について、リスクの見積りの過程において、労働者が当該物質にばく露される程度が濃度基準値を超えるおそれがある屋内作業を把握した場合に、ばく露される程度が濃度基準値以下であることを確認するための労働者の呼吸域における物質の濃度の測定。

管理濃度

　作業環境測定結果から当該作業場所の作業環境管理の良否を判断する際の管理区分を決定するための指標として定められたものであり、作業環境評価基準（昭和63年、労働省告示第79号）の別表にその値が示されている。許容濃度がばく露濃度の基準として定められているのとは性格が異なる。

（出典：職場のあんぜんサイト）

管理目標濃度範囲

　CREATE-SIMPLE などの推定モデルにおいて、職業性ばく露限界値などが定められていない場合に、その化学物質・化学品の有害性に基づき設定される、吸入ばく露による健康リスク評価のための目安値。推定ばく露濃度と比較をすることでリスクの評価をするための指標。

（出典：CREATE-SIMPLE の設計基準、一部改変）

がん原性物質

　ヒトに対する発がん性が知られている又はおそらく発がん性があり、労働安全衛生規則第577条の1の規定に基づき作業記録等の30年間保存の対象となる化学物質。

―き―

吸入濃度

　労働者が吸入をする気体中の有害物の濃度。呼吸用保護具を使用しない場合は労働者の呼吸域において測定される濃度、呼吸用保護具を使用している場合は呼吸用保護具の内側の濃度であらわされる。

許容濃度

　労働者が1日8時間、週間40時間程度、肉体的に激しくない労働強度で有害物質にばく露される場合に、当該有害物質の平均ばく濃度がこの数値以下であれば、ほとんどすべての労働者に健康上の悪い影響が見られないと判断される濃度として、日本産業衛生学会から勧告されている値。

（出典：日本産業衛生学会）

―こ―
呼吸域
　当該労働者が使用する呼吸用保護具の外側であって、両耳を結んだ直線の中央を中心とした、半径 30 センチメートルの、顔の前方に広がった半球の内側。

―し―
指定防護係数
　使用者が正しく使用した場合に得られると期待される、呼吸用保護具の防護係数。
職業性ばく露限界値
　量―反応関係等から導かれる、ほとんどすべての労働者が連日繰り返しばく露されても健康に影響を受けないと考えられている濃度又は量の閾（いき）値。　　　　　　　　（出典：職場のあんぜんサイト）

―す―
推定ばく露濃度範囲
　CREATE-SIMPLE などの推定モデルにより、取り扱う化学物質・化学品の物性や取扱量から決定した初期ばく露濃度範囲に、ばく露条件等による補正係数を掛け合わせることで算出される推算値。管理目標濃度と比較をすることでリスクの評価をするための指標。
　　　　　　　　　　　　　　　　　　　　　　　（出典：CREATE-SIMPLE の設計基準、一部改変）
裾切値
　化学品（混合物を含む）の成分の含有量（重量％）がその値未満の場合、ラベル表示又は SDS の交付や GHS 分類の対象とならない値。カットオフ値ともいう。　　　　　　（出典：職場のあんぜんサイト）

―そ―
早期健康影響
　化学物質が体内に取り込まれたときにその有害性により発生する特定の健康影響のうち、より早期あるいはより低濃度で発生する健康影響。

―た―
第 3 項健診
　労働安全衛生規則第 577 条の 2 第 3 項で規定されている健康診断。
第 4 項健診
　労働安全衛生規則第 577 条の 2 第 4 項で規定されている健康診断。

―ち―
遅発性疾病
　がん等、ばく露のタイミングと症状が出るタイミングに一定期間の時間差がある疾病。

―の―
濃度基準値
　リスクアセスメント対象物のうち「一定程度のばく露に抑えることにより、労働者に健康障害を生ずるおそれがない物」として厚生労働大臣が定めるものを製造または取り扱う業務を行う屋内作業場において、事業者が、当該業務に従事する労働者がこれらの物にばく露される程度をこの濃度以下としなければならない、と厚生労働大臣が定めた値。

―ひ―
標的健康影響
　化学物質が体内に取り込まれたときに、その有害性により発生する健康影響。
皮膚等障害化学物質
　皮膚もしくは眼に障害を与えるおそれ、又は皮膚から吸収されもしくは皮膚に侵入して健康障害を生ずるおそれがあることが明らかな化学物質。

―ほ―
防護係数
　環境中の有害物質の濃度（呼吸域濃度）を吸気中の有害物質の濃度（吸入濃度）で除した値。呼吸用保護具を選定する際の指標。保護具の選定の際には防護係数よりも大きな指定防護係数を有する呼吸用保護具を選定・着用する。

―よ―
要求防護係数
　「環境中濃度の測定値／基準値（濃度基準値、職業性ばく露限界値または管理濃度）」で示される値。個人ばく露測定の場合は、環境中濃度の測定値は測定結果の最大値を用いる。

―ら―
ラベル
　危険有害な製品に関する書面、印刷またはグラフィックによる情報要素のまとまりであって、目的とする部門に対して関連するものが選択されており、危険有害性のある物質の容器に直接、あるいはその外部梱包に貼付、印刷または添付されるもの。　　　　　　　　　　　　　　　（出典：職場のあんぜんサイト）

―り―
リスク
　ある危険／有害な事象が発生する確率。化学物質の場合、それぞれの固有の影響（危険／有害性）と化学物質に接する機会（特定事象の発生確率、ばく露可能性）から算出される。
（出典：職場のあんぜんサイト）
リスクアセスメント
　事業場にある危険性や有害性の特定、リスクの見積り、優先度の設定、リスク低減措置の決定の一連の手順。　　　　　　　　　　　　　　　　　　　　　　　　　　　　　　（出典：職場のあんぜんサイト）
リスクアセスメント対象物
　安衛法第57条の3第1項の危険性又は有害性等の調査（リスクアセスメント）をしなければならない、安衛令第18条各号に掲げる物及び安衛法第57条の2第1項に規定する通知対象物（物質リストは安衛則別表第2に収載）。

―G―
GHS
　1992年に採択されたアジェンダ21の第19章に基づいて、国、地域によって異なっている化学品の危険性や有害性の分類基準、表示内容などを統一する制度。国連危険物輸送に関する専門家小委員会（UNSCETDG）、OECD、国際労働機関（ILO）で検討され、最終的に、適切な化学物質管理のための組織間プログラム（IOMC）で調整されて2003年7月にとりまとめられた。国連GHS専門家委員会で

は2年に一度GHSの改訂を行っている。　　　　　　　　　　　　　　　（出典：職場のあんぜんサイト）

―S―
SDS
　安全データシート（Safety Data Sheet）の略。

著者

山本 健也 （やまもと けんや）

独立行政法人 労働者健康安全機構
労働安全衛生総合研究所　化学物質情報管理研究センター
化学物質情報管理部部長

1996年産業医科大学卒業。株式会社東芝柳町工場勤務後、1999年中央労働災害防止協会労働衛生調査分析センター、2005年同センター主任医師。2014年東京大学環境安全本部助教、2019年准教授を経て、2021年から現職。
現在、東京都医師会産業保健委員会委員、日本産業衛生学会関東地方会幹事、濃度基準値専門家会議委員を務める。

産業医のための化学物質管理の実務

令和7年3月25日　初版発行

著者　山　本　健　也
発行人　藤　澤　直　明
発行所　労　働　調　査　会

〒170-0004　東京都豊島区北大塚2-4-5
　　　　　　TEL：03（3915）6401
　　　　　　FAX：03（3918）8618
　　　　　　https://www.chosakai.co.jp/

ISBN978-4-86788-081-4　C3050

落丁・乱丁はお取り替え致します。
本書の一部あるいは全部を無断で複写・複製することは、法律で認められた場合を除き、著作権の侵害となります。